Der Erdbaumaschinenführer

Wie Sie Erdbaumaschinen fachkundig und sicher bedienen und warten

von
Dipl.-Ing. Reinhard Amler
Dipl.-Ing. Kurt Hey

mit 120 Bildern, Tabellen und Zeichnungen

RESCH

Impressum:

8. Auflage 2020

Maria-Eich-Straße 77, D-82166 Gräfelfing
Illustrationen Seite 9, 11, 13, 20, 22, 31, 33, 37, 38, 39, 41, 44, 47, 48, 49, 50, 52, 53, 55, 58, 59: Eckert-Design, München
Abbildungen Seite 12, 14, 16 (oben), 19 (rechts oben): Resch-Verlag
Umschlagzeichnungen: Eckert-Design, München
Bildnachweis: s. Seite 68
Druck und Bindung: G. Peschke Druckerei GmbH, D-85599 Parsdorf b. München

Printed in Germany
ISBN 978-3-930039-63-0

Einleitung

Sie haben sich dafür entschieden, den sicheren Umgang mit Erdbaumaschinen in Theorie und Praxis zu erlernen oder haben bereits Fachkenntnisse auf diesem Gebiet und wollen sie vertiefen bzw. auffrischen. Zu dieser Entscheidung kann man Ihnen nur gratulieren. Denn wie man weiß, sind Erdbaumaschinen weder Spielzeug noch Geräte zur Freizeitgestaltung.

Ihr Einsatzgebiet betrifft überwiegend Bereiche, in denen sich auch Menschen aufhalten, in denen andere Maschinen benutzt werden und die durch Bauwerke, Einrichtungen und Verkehrswege begrenzt werden. Zusätzlich finden sich oft Steigungen, Unebenheiten und Absturzkanten. Höchste Vorsicht und ein fachkompetenter Umgang sind deshalb unerlässlich.

Der Maschinenführer übernimmt mit seiner Tätigkeit ein hohes Maß an Verantwortung für den Betrieb und auch den Zustand der Maschine. Ebenso ist aber auch der Unternehmer/Beauftragte gefordert. Gefährdungsbeurteilung, sichere und geeignete Maschinen und Geräte zur Verfügung zu stellen, ordnungsgemäßer Baustellenzustand und Baustellenorganisation, Unterweisungen und Anweisungen sind hierbei an erster Stelle zu nennen.

Die Verantwortung von Unternehmer und Maschinenführer ist groß, und wird diese nicht wahrgenommen, ist mit Strafen zu rechnen (Geld- und auch Haftstrafen).

Unfälle passieren nicht, sie werden verursacht.

Eine häufige Unfallursache besteht darin, dass Maschinenführer nicht ausreichend über ihre Pflichten und den richtigen Umgang mit der Erdbaumaschine unterwiesen, informiert und eingewiesen sind.

Diese Broschüre bietet Ihnen Informationen, die Sie bei Ihrer täglichen Arbeit unterstützen sollen, um die Aufgaben sicherer und erfolgreicher erledigen zu können. Eingeflossen sind insbesondere die Erkenntnisse aus Unfalluntersuchungen und langjährigen Erfahrungen der Autoren im Bereich der Erdbaumaschinen und Baustellen. Jeder Unfall ist zu viel, und es ist eine wichtige Aufgabe aller Beteiligten, jeden weiteren zu verhindern.

Meist sind es nicht große und bedeutende Ereignisse, die zu einem Unfall führen – Ursachen sind häufig alltägliche Kleinigkeiten und Unaufmerksamkeiten. So gehört etwa ein Drittel aller Unfälle beim Betrieb von Erdbaumaschinen zur Tätigkeit „Einsteigen zum Fahrerplatz/Aussteigen vom Fahrerplatz". Aufstiege sind beschädigt und verschmutzt, Haltegriffe werden nicht benutzt oder fehlen, der Fahrer springt ab, anstatt sich der dafür vorgesehenen Tritte zu bedienen. Die Bodenoberfläche auf der Baustelle ist oft rutschig und uneben – „ideale" Voraussetzungen, um sich bei einem Absprung Verletzungen der Bänder und Knöchel oder sogar einen langwierigen Fersenbeinbruch zuzuziehen!

Wollen Sie das nächste Mal dabei sein? Sicherlich nicht. Aber was kann und muss nun getan werden, um derartige Unfälle zu vermeiden?

- Die Maschinen müssen vom Hersteller mit geeigneten Zugangssystemen ausgerüstet sein.
- Diese Zugangssysteme müssen laufend überprüft, gewartet und bei Bedarf instand gesetzt werden: eine wichtige Aufgabe für den Betreiber.
- Die Zugangssysteme müssen auch bestimmungsgemäß benutzt werden: eine unerlässliche Aufgabe für den Maschinenführer!

Sie helfen mit, Unfälle und Schäden zu vermeiden, wenn Sie sicher, fachgerecht und vorausschauend mit Ihrer Maschine arbeiten und auch nur zulässige Arbeitsausrüstung nutzen.

Ein weiterer Unfallschwerpunkt ist der Aufenthalt im Gefahrbereich von Erdbaumaschinen. Halten sich Menschen darin auf, ist erhöhte Aufmerksamkeit und Vorsicht erforderlich. Der Maschinenführer konzentriert sich, ebenso wie der Kollege, der in der Nähe der Maschine arbeitet, auf seine Tätigkeit und schon kommt es zum Unfall: Schwere und oft tödliche Verletzungen sind die Folge!

Und auch hier die Frage: *Was kann und muss getan werden, um solche Unfälle zu verhindern?*

Die Sicht des Maschinenführers sollte so wenig wie möglich eingeschränkt sein. Moderne Maschinen werden konstruiert, indem möglichst große Bereiche direkt eingesehen werden können. Spiegel und Kamera-/Monitorsysteme können verbleibende Sichteinschränkungen weiter verringern, natürlich nur, wenn sie richtig eingestellt sind und auch benutzt werden.

Seit Ende 2008 müssen alle neuen Erdbaumaschinen so konstruiert und ausgerüstet sein, dass vom Fahrerplatz aus der Nahbereich eingesehen werden kann (das ist die Zone in 1 Meter Abstand rings um die Maschine). Auch die Nachrüstung von älteren Maschinen mit Kamera-/Monitorsystemen ist problemlos möglich.

Der Aufenthalt im Gefahrbereich ist verboten!

Aus gutem Grund ist der Aufenthalt im Gefahrbereich grundsätzlich verboten.

Und was ist zu tun, wenn es aus betrieblichen Gründen unvermeidlich ist, dass dieser Bereich doch betreten werden muss?

- Vor Beginn dieser Arbeiten muss der Unternehmer hierfür eine Gefährdungsbeurteilung durchführen und geeignete Sicherheitsmaßnahmen festlegen, umsetzen und die Mitarbeiter entsprechend unterweisen. Bei der Ausführung der Arbeiten müssen die festgelegten Maßnahmen konsequent beachtet werden.
- Bevor der Gefahrbereich betreten wird – und das ist ausschließlich für solche besonderen Arbeiten zulässig – Kontakt mit dem Maschinenführer aufnehmen und die Arbeitsweise abstimmen (z. B. Handzeichen vereinbaren).
- Zwischen Maschinenführer und Personen, die sich im Gefahrbereich der Erdbaumaschine aufhalten, muss immer Sichtkontakt bestehen. Am besten gelingt dies durch direkte Sicht auf den Fahr- und Arbeitsbereich und, wo erforderlich, ergänzt durch technische Einrichtungen (z. B. durch den Einsatz von Kamera-/Monitorsystemen). Ist diese nicht möglich, bestehen also weiterhin Sichteinschränkungen, müssen Einweiser oder Sicherungsposten eingesetzt werden.
- Die Erkennbarkeit wird deutlich besser, wenn alle Warnkleidung tragen (auch der Einweiser/Sicherungsposten).

Die nachfolgenden Grafiken zeigen Schwerpunkte aus den Unfalluntersuchungen der Berufsgenossenschaft der Bauwirtschaft auf. Mit Hilfe der berufsgenossenschaftlichen Unfalluntersuchungen und deren systematischen Auswertungen werden Ursächlichkeiten identifiziert. Die hiervon abgeleiteten Erkenntnisse fließen u. a. in die Normungsarbeit mit ein und liefern die Basis für konkrete sicherheitstechnische Anforderungen.

Unfälle mit Baggern

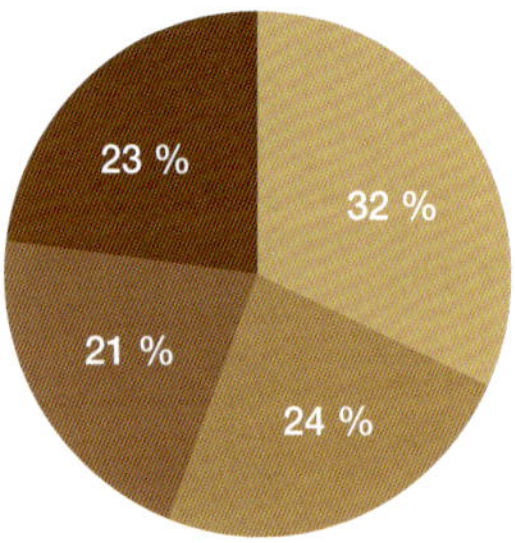

Unfälle mit Ladern, Planier- und Schürfgeräten

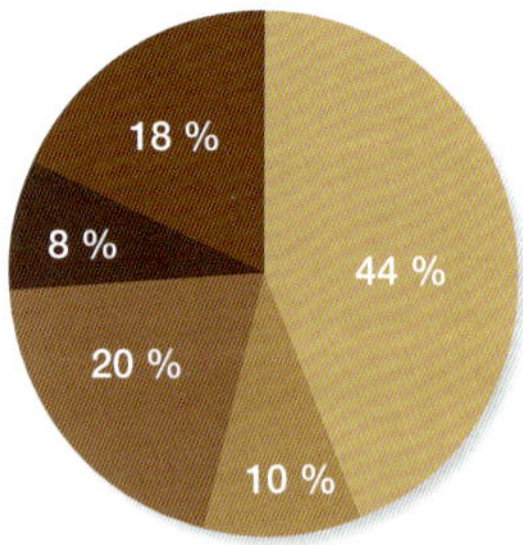

- Transport, Besteigen, Verlassen, Betrieb
- Baggerarbeiten bzw. Lade- und Schürfbetrieb, Aufenthalt im Gefahrbereich (Außenstehende verletzt)
- Heben und Ziehen von Lasten, Aufenthalt im Gefahrbereich (Außenstehende verletzt)
- Wartung und Reparatur
- Lade- und Schürfbetrieb, Heben und Ziehen von Lasten, Fahrbetrieb (Geräteführer verletzt)

Unfallgeschehen mit Erdbaumaschinen – Auswertung von über 28.000 Unfällen mit Baggern und über 12.000 Unfällen mit Ladern

Rechtliche Grundlagen

Europäische und nationale Sicherheitsbestimmungen für Erdbaumaschinen

Erdbaumaschinen werden seit dem 1.1.1995 nach EG-Richtlinien (z. B. RL 2006/42/EG, die sogenannte EG-Maschinenrichtlinie) in Verkehr gebracht. Im deutschen Recht wurde diese Richtlinie durch die Neunte Verordnung zum Produktsicherheitsgesetz (Maschinenverordnung) umgesetzt.

Zur Erfüllung der hierin festgelegten grundlegenden Sicherheitsanforderungen können europäisch harmonisierte Normen (z. B. DIN EN 474-1 bis DIN EN 474-12) angewendet werden.

Zeichen an Erdbaumaschinen

CE-Kennzeichen und EG-Konformitätserklärung

Bevor der Hersteller das CE-Kennzeichen an der Maschine anbringen und die ebenfalls erforderliche EG-Konformitätserklärung ausstellen darf, muss er alle Maßgaben der gesetzlichen Anforderungen erfüllt haben. Mit dem Ausstellen der EG-Konformitätserklärung und dem Anbringen des CE-Kennzeichens bescheinigt er selbst, dass die in den Verkehr gebrachte Maschine allen einschlägigen Sicherheits- und Gesundheitsanforderungen entspricht. Das CE-Kennzeichen muss vor dem Inverkehrbringen an der neuen Maschine angebracht werden und die EG-Konformitätserklärung muss der Maschine beigefügt werden.

Lärmkennzeichen LwA und LpA

Neben dem CE-Kennzeichen waren an Maschinen, die vor dem 3.1.2002 in Verkehr gebracht wurden, zusätzlich der Schallleistungspegel LwA und der Schalldruckpegel LpA anzugeben. Nach der EG-Richtlinie 86/662/EWG bzw. 95/27/EG mussten Erdbaumaschinen hinsichtlich ihrer Lärmabstrahlung einer EG-Baumusterprüfung unterzogen werden. Die Messungen wurden durch speziell hierfür qualifizierte und zugelassene Prüfstellen durchgeführt. Die dabei ermittelten Werte mussten an der Maschine deutlich sichtbar angebracht werden.

Die „Lärmrichtlinie" 2000/14/EG fordert seit Januar 2002 nur noch die Kennzeichnung mit dem garantierten Schallleistungspegel LwA. Der Hersteller hat bei der Umsetzung der Anforderungen mehrere Möglichkeiten zur Wahl (z. B. Baumusterprüfung, umfassendes QM-System).

Die Betriebsanleitung gibt Ihnen weitere Hinweise zum Thema „Lärm". Dort ist auch beschrieben, bei welchen Arbeiten Gehörschutz getragen werden muss.

Lärmschutzgehäuse (blau-weiße Kennzeichnung für Hydraulikhämmer)

Für bestimmte Arbeitsverfahren, z. B. mit angebautem hydraulischem Abbruchhammer, können sich die angegebenen Maschinenwerte ändern. Die Angaben des Herstellers sind zu beachten. Für Hydraulikhämmer, die an Baggerauslegern angebracht werden, gibt es zusätzliche Lärmschutzmaßnahmen (z. B. Schutzgehäuse). Dadurch mindert sich der Schallaustritt in die Umgebung.

Typenschild
An jeder Erdbaumaschine muss dauerhaft ein Fabrikschild mit folgenden Angaben angebracht sein:

- Firmenname und vollständige Anschrift des Herstellers
- Bezeichnung der Maschine
- CE-Kennzeichnung
- Baureihen- oder Typenbezeichnung
- ggf. Seriennummer
- Baujahr
- Nennleistung in Kilowatt (kW)
- Masse in Kilogramm (kg)

Ggf. für Anhängevorrichtung:

- die größte zulässige Zugkraft in Newton (N)
- die größte zulässige vertikale Stützlast in Newton (N)

Warnhinweise
Ferner sind an den entsprechenden Stellen der Maschine die Hinweise auf Restgefahren anzubringen. In der Betriebsanleitung sind diese Warnhinweise beschrieben.

Zum Beispiel:

- Der Aufenthalt im Gefahrbereich ist verboten!

- Aufenthalt im ungesicherten Knickbereich verboten!

- Oder entsprechende Bildzeichen (Piktogramme)

GS-Zeichen
Der Hersteller einer Erdbaumaschine hat die Möglichkeit, seine Produkte zu einer freiwilligen Baumusterprüfung anzumelden. Diese Verfahren dürfen nur von Prüfstellen durchgeführt werden, die den im ProdSG (Produktsicherheitsgesetz) vorgeschriebenen Anforderungen entsprechen und die die staatliche Zulassung besitzen. Besteht die Maschine die Prüfung, entspricht sie also den sicherheitstechnischen Anforderungen, dann darf sie mit dem GS-Zeichen versehen werden.

ET-Zeichen
Mit dem ET-Zeichen wird bestätigt, dass eine unabhängige Prüf- und Zertifizierungsstelle die Maschine nach den EG-Richtlinien und zutreffenden europäischen Normen überprüft hat und sie die einschlägigen Sicherheits- und Gesundheitsanforderungen erfüllt. Die Prüfung wurde durch den Hersteller freiwillig in Auftrag gegeben.

Rechtliche Rahmenbedingungen für den Erdbaumaschinenführer

Der Chef eines Unternehmens ist natürlich immer für alles zuständig und damit auch dafür verantwortlich, was in seinem Betrieb geschieht. Da er sich in der Regel nicht um alles selbst kümmern kann, hat er die Möglichkeit, Teile seines Aufgabengebietes (im Rahmen seines Direktionsrechtes) an andere Mitarbeiter zu delegieren. Damit werden Mitarbeiter mit bestimmten Aufga-

Unternehmer

↓ *kann ihm obliegende Pflichten für die Arbeitssicherheit übertragen auf:*

Betriebliche Vorgesetzte/Aufsichtführende
z. B. Bauleiter, Polier
(auch auf den Führer einer Maschine – für dessen Tätigkeitsfeld und Arbeitsumgebung!)

Pflichten dürfen nur an **geeignete** Personen übertragen werden:
- fachliche, persönliche Qualifikation
- Kenntnis der Sicherheitsbestimmungen
- usw.

ben betraut und haben diese im Sinn des Unternehmers zu erfüllen. Der Bauleiter hat sich bspw. um die ihm anvertrauten Baustellen zu kümmern, der Polier um seine Baustelle. Ebenso gut kann der Chef jemanden mit dem Führen z. B. eines Baggers beauftragen. Der Chef muss sich vorher natürlich vergewissert haben, dass der Beauftragte dieser Aufgabe gewachsen und für die Erfüllung dieser Verpflichtung geeignet ist. Die Beauftragung sollte am besten schriftlich erfolgen, damit der beauftragte Geräteführer auch weiß, dass er zuständig ist.

Mit der Übertragung der Aufgabe, eine Erdbaumaschine zu führen, begründet sich die Pflicht, dies auch sorgfältig im Rahmen der rechtlichen und maschinentechnischen Vorgaben zu tun. Darüber muss der Geräteführer Bescheid wissen, denn er übernimmt die Verantwortung dafür, was mit der Maschine passiert, wie die Maschine bewegt wird, dass die Wartung durchgeführt wird usw. – und wenn etwas passiert. Ist er erst einmal verantwortlich, kann er natürlich für die Folgen seines Handelns zur Rechenschaft gezogen werden, d. h. haftbar gemacht werden.

Aufgaben

↓ *begründen*

Pflichten

↓ *hieraus ergibt sich*

Verantwortung

↓ *im Falle eines Unfalles ggf. Konsequenzen*

Haftung

Die Kette: Aufgaben – Pflichten – Verantwortung – Haftung musste auch ein Baggerfahrer schmerzlich erfahren, als es zu einem tödlichen Unfall kam:

In der Firma wurden alle Bagger mit Rückfahrkameras nachgerüstet. Die Kameras waren außen am Bagger angebracht. Sie wurden dem jeweiligen Geräteführer verantwortlich übergeben, und in der Firma wurde das auch konsequent kommuniziert und regelmäßig unterwiesen. Jeder Erdbaumaschinenführer hatte damit *seine* Kamera und diese auch jeden Tag zu befestigen.

Es mussten noch ein paar Restarbeiten auf einer Baustelle durchgeführt werden. Der Erdbaumaschinenführer hatte, da nur wenig zu erledigen war, seine Kamera nicht befestigt und damit auch nicht in Betrieb genommen. Beim Zurücksetzen, um einen Materialkorb zu versetzen, überfuhr er einen gerade hinter dem Bagger befindlichen Mitarbeiter einer anderen Firma, der sich anschickte, einen Sinkkasten zu reinigen und verletzte ihn tödlich.

In der Gerichtsverhandlung wurden alle auf dieser Baustelle bestehenden Verantwortlichkeiten abgeklopft, und das Ergebnis war, dass der Erdbaumaschinenführer über 100 Tagessätze erhielt, damit der fahrlässigen Tötung schuldig gesprochen und damit auch vorbestraft war. Der Getötete hatte zwar eine Mitschuld, aber der Unfall hätte vermieden werden können, wenn der Geräteführer seiner Pflicht, die Kamera einzusetzen, nachgekommen wäre.

Die Kette: Aufgaben – Pflichten – Verantwortung – Haftung soll keinen von der Übernahme der Verantwortung zum Führen einer Erdbaumaschine abhalten, aber jedem Geräteführer muss klar sein, ich bin für die Maschine, den Umgang mit ihr und das, was damit passiert, verantwortlich. Das kann mir keiner abnehmen.

Übrigens, dasselbe gilt für jeden Fahrer eines Personenkraftwagens, Lastkraftwagens oder Motorrads.

Aber bei allem gilt: Verschulden gibt es nur bei aktivem Handeln in Zusammenhang mit dem Vorfall, und dann ist der Grad des Verschuldens mit zu berücksichtigen.

Merke: Wer seine Maschine pflichtbewusst führt und einsetzt, die Rahmenbedingungen, wie Einhaltung der Sicherheitsvorschriften, Vorgaben aus der Betriebsanleitung seiner Maschine und die allgemeine Vorsicht walten lässt, sollte immer Spaß an seiner Arbeit als Erdbaumaschinenführer haben. Und er sieht, was er tut.

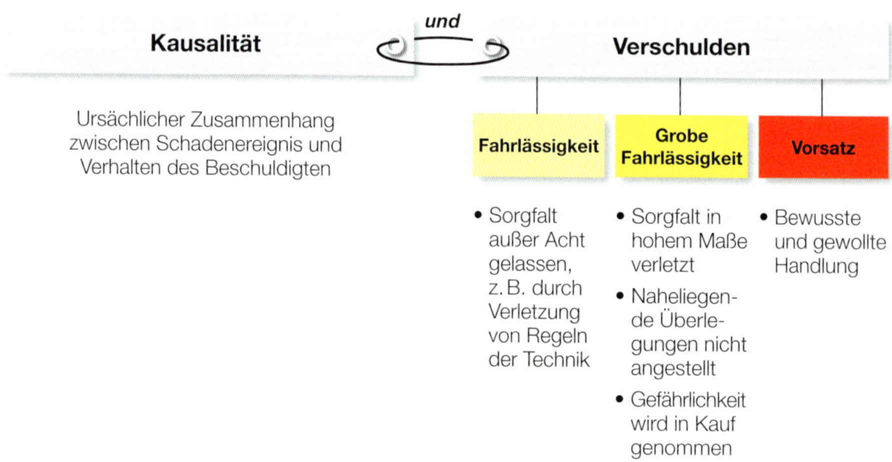

Allgemeine Anforderungen für den Betrieb

Allgemeine Anforderungen an den Maschinenführer

Grundsätzliches

Der Maschinenführer muss

- mindestens 18 Jahre alt,
- körperlich und geistig geeignet, zuverlässig und
- im Führen und Warten der Maschine unterwiesen sein.
- Er muss seine Befähigung dem Unternehmer gegenüber nachgewiesen haben und
- vom Unternehmer für diese Aufgabe bestimmt worden sein.

Arbeitsmedizinische Untersuchung

Dem Maschinenführer sollte bei der Einstellung grundsätzlich eine Untersuchung nach dem Grundsatz G 25 „Fahr-, Steuer- und Überwachungstätigkeiten“ durch einen Arbeitsmedizinier angeboten werden. Hierin enthalten ist auch ein Sehtest.

Qualifizierung und Fahrauftrag

Der Maschinenführer muss für seine Aufgaben ausreichend qualifiziert sein. Hierfür gibt es in Deutschland verschiedene Möglichkeiten. Neben dem Ausbildungsberuf „Geprüfter Baumaschinenführer“ können Aus-, Fort- und Weiterbildungsmaßnahmen verschiedener Anbieter genutzt werden (z. B. Akademien, Baugewerbe, Bauindustrie, Fahrschulen u. dgl.) oder durch den Trainer im Betrieb erfolgen. Auch von den Maschinenherstellern werden oftmals Seminare angeboten.

Durch eine theoretische und eine praktische Prüfung am Ende des Kurses wird dokumentiert, welche Inhalte vermittelt und vom Teilnehmer gelernt wurden.

Trainer/Ausbilder müssen über die nötige Fachkunde für den sicheren Umgang mit Erdbaumaschinen verfügen, die maßgebenden Regelwerke kennen und die Ma-

Überbetriebliche Ausbildungsstätten sollten ein vielseitiges Maschinenprogramm anbieten.

schine und die auszuführenden Arbeitsabläufe beherrschen.

Die nötige Fachkunde für die Trainer vermitteln beispielsweise Ausbildungsstätten, die entsprechende Seminare anbieten. Der so vorbereitete Trainer kann dann Mitarbeiter ausbilden und betriebsspezifisch auf den jeweiligen Maschinentypen fortbilden.

Theoretische Prüfung

Sie beinhaltet Fragen gemäß der BG-Regel „Betreiben von Erdbaumaschinen“ (Kapitel 2.12 der DGUV R 100-500), der wichtigsten Bestimmungen aus der StVO sowie StVZO und technische Fragen wie z. B.:

- Was ist beim Mitgängerbetrieb zu beachten?
- Welcher Mindestabstand ist zu einer Freileitung einzuhalten, von der die Nennspannung unbekannt ist?
- Welche Aussagen der Betriebsanleitung sind für den Hebezeugeinsatz besonders wichtig?

Praktische Prüfung

Diese ist dem Ablauf eines Einsatzes nachempfunden und prüft, ob der Schulungsteilnehmer bspw.:

- die Maschine vor Arbeitsantritt auf augenfällige Mängel überprüft hat,
- das Rückhaltesystem (z. B. Beckengurt) angelegt hat,
- die ordnungsgemäße Verbolzung/Verriegelung beim Wechsel der Arbeitseinrichtung überprüft hat,
- die Fahrgeschwindigkeit an die örtlichen Gegebenheiten angepasst hat,
- die Erdbaumaschine wieder sicher abgestellt hat.

Das Wissen des Maschinenführers ist durch regelmäßige Unterweisungen auf

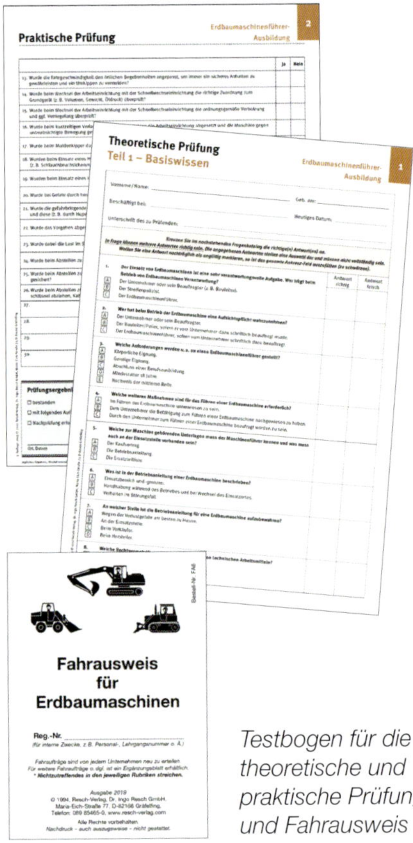

Testbogen für die theoretische und praktische Prüfung und Fahrausweis

dem neuesten Stand zu halten und zu vertiefen – das heißt, mindestens einmal jährlich und vor neuartigen Arbeitseinsätzen.

Ein Mitarbeiter, der außerhalb seines Betriebes ausgebildet wurde, kann die theoretische und praktische Ausbildung anhand seines dort erhaltenen Fahrausweises/Befähigungsnachweises belegen. Er muss seinem Betriebsleiter darüber hinaus nachweisen, dass er den bei der Schulung vermittelten Stoff in die Praxis umsetzen kann.

Nach einer gründlichen Einweisung an der ihm anvertrauten Maschine und in die

Arbeitsabläufe soll ein neuer Mitarbeiter, der die Maschine noch nicht bedient hat, von einem Fachkundigen, einem „alten Hasen", solange betreut werden, bis er die Maschine sicher beherrscht. Für die Einarbeitung und Unterweisung ist der Betrieb zuständig, also der dort Verantwortliche. Die Unterweisungen sind schriftlich festzuhalten, mit Namen der Unterwiesenen und den Unterweisungsthemen.

Merke: Der Unternehmer und die von ihm beauftragten Personen (Betriebsleiter, Aufsichtführende) dürfen nur entsprechend qualifiziertes Personal einsetzen und mit dem Führen von Erdbaumaschinen beauftragen. Ein Mitarbeiter darf erst eine Erdbaumaschine bedienen, wenn er hierfür qualifiziert ist und maschinenbezogen unterwiesen wurde, wenn er die Befähigung dem Verantwortlichen gegenüber nachgewiesen hat sowie dann vom Verantwortlichen bestimmt wurde.

Persönliche Schutzausrüstung des Fahrers

Ein Erdbaumaschinenführer ist den rauen Bedingungen der Baustelle ausgesetzt. Seine Ausrüstung muss daher mindestens folgenden Sicherheitsaspekten entsprechen:

- Sicherheitsschuhe oder -gummistiefel (mindestens Kategorie S3 nach DIN EN ISO 20345 „Persönliche Schutzausrüstung – Sicherheitsschuhe für den gewerblichen Gebrauch"). Werden beim eigentlichen Betrieb der Maschine, also am Fahrerplatz, andere Schuhe getragen, muss der Maschinenführer auf Baustellen vor dem Verlassen der Maschine die Sicherheitsschuhe anziehen.
- Kopfschutz (Schutzhelm nach DIN EN 397): Auf der Baustelle besteht immer die Gefahr von Kopfverletzungen durch Anstoßen oder durch das Herabfallen von Gegenständen. Damit der Helm immer dann getragen werden kann, wenn sich der Maschinenführer außerhalb der Fahrerkabine bewegt, ist dieser in der Kabine griffbereit zu halten!

- Handschuhe: beim Wechsel der Ausrüstung, bei Reparaturen.
- Gehörschutz: in Lärmbereichen, z. B. bei Meißelarbeiten.
- Schutzbrille: z. B. beim Wechsel der Ausrüstung, bei Reparaturen.
- Atemschutz: bei Staubbelastung in kontaminierten Bereichen.
- Warnkleidung: wenn alle Mitarbeiter Warnkleidung (z. B Warnwesten nach DIN EN ISO 20471) tragen, verbessert das die Erkennbarkeit und erleichtert so die verantwortungsvolle Tätigkeit des Maschinenführers. Er sollte daher als Vorbild auch Warnkleidung tragen! „Sehen und gesehen werden."

- Kleidung: Es empfiehlt sich, eng anliegende Kleidung zu tragen (Gefahr des Hängenbleibens, z. B. beim Aussteigen).

Brandschutz, Erste Hilfe

Bei Bränden und Unfällen muss schnell reagiert werden können. Auf Erdbaumaschinen mit mehr als 1.500 kg Betriebsmasse sollte ein geeigneter Feuerlöscher mitgeführt werden. Dem Maschinenführer müssen Standort und Bedienung von Feuerlöschern auf Erdbaumaschinen sowie örtliche Brandmeldungs- und Brandbekämpfungsmöglichkeiten auf der Baustelle bekannt sein. In die Handhabung des Feuerlöschers muss er eingewiesen sein.

Für die Erste Hilfe gilt: Verbandskästen sind stets mitzuführen. Vor Beginn der Arbeiten ist der Maschinenführer über die Erste Hilfe und über Rettungsmöglichkeiten (Notruf, Feuerwehr) zu informieren.

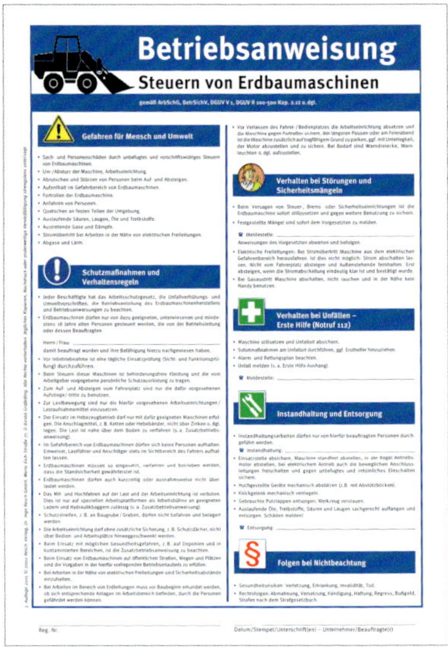
Betriebsanweisung
Steuern von Erdbaumaschinen
gemäß ArbSchG, BetrSichV, DGUV V 1, DGUV R 100-500 Kap. 2.12 u. dgl.
Gefahren für Mensch und Umwelt
Schutzmaßnahmen und Verhaltensregeln
Verhalten bei Störungen und Sicherheitsmängeln
Verhalten bei Unfällen – Erste Hilfe (Notruf 112)
Instandhaltung und Entsorgung
Folgen bei Nichtbeachtung

Betriebsanleitung

Zu jeder Erdbaumaschine gehört eine Betriebsanleitung des Herstellers. Sie enthält u. a. Angaben zu Einsatzbereich und -grenzen, Inbetriebnahme, Handhabung während des Betriebes und bei Wechsel des Einsatzortes, Zusatzausrüstungen, Sicherheitseinrichtungen und deren Überwachung, Verhalten im Störfall, Wartung, Ersatzteilen und vorgeschriebenen Prüfungen.

Ein weiterer wichtiger Bestandteil der Betriebsanleitung ist die „Grabkurve“. Sie sollte bei jeder Unterweisung am Gerät angesprochen und erläutert werden (vgl. auch Kapitel „Arbeiten mit der Erdbaumaschine“, Abschnitt „Grabkurve“).

Betriebsanweisung

Sie wird vom Unternehmer erlassen und enthält Informationen für die Beschäftigten zu bestimmten Arbeitsverfahren, die damit verbundenen Gefährdungen, die Verhaltensmaßregeln und die Schutzmaßnahmen. Im Gegensatz zu einer Betriebsanleitung ist die Betriebsanweisung ein Dokument, welches ausschließlich auf Gefahren hinweisen und Schutzmaßnahmen aufzeigen soll. Sie dient Ihrer eigenen Sicherheit und ist von Ihnen zu beachten.

Bestimmungsgemäße Verwendung

Maschinen dürfen nur bestimmungsgemäß betrieben werden (s. a. § 17 DGUV V 1). Die Nichteinhaltung kann rechtliche Konsequenzen für den Maschinenführer und seine Vorgesetzten haben.

Diese „bestimmungsgemäße Verwendung“ ist dann gegeben, wenn die Vorgaben der Betriebsanleitung beim Betreiben der Maschine beachtet werden.

Die Maschine (s. Abb. Seite 15) ist nicht für das Heben des schweren Sandsteinkübels geeignet. Das Anschlagmittel (Drahtseil) hängt nur über den Zähnen der Laderschaufel. Der Fahrer und die „lebenden Gewichte“ sind sich der Gefahr nicht bewusst; sie verstoßen gegen das Mitfahrverbot.

Frage: „Was passiert, wenn der Fahrer bremst oder das Seil durch die Bodenunebenheiten von den Zähnen abrutscht?“

Verbotswidriges Arbeiten mit diesem Kompaktlader!

Antwort: „Die Maschine federt zurück und die „lebenden Gewichte" werden abgeworfen." Die seitlich stehende Person steht genau mit dem rechten Fuß unter dem Anschlussstück des Hydraulikzylinders. Beim Senken und Abstellen des Kübels kann der Fuß eingequetscht werden. Alle Beteiligten handeln grob fahrlässig!

> *Merke: Als Fahrer dürfen Sie nie leichtsinnig die Gesundheit Ihrer Kollegen aufs Spiel setzen!*

Lasten müssen immer so angeschlagen werden, dass sie sicher aufgenommen, sicher transportiert und auch sicher wieder abgesetzt werden können. Die dazu verwendeten Anschlagmittel dürfen nur an solchen Anschlagpunkten an der Maschine befestigt werden, die gegen versehentliches, ungewolltes Aushängen gesichert sind.

Bei Erdbaumaschinen im Hebezeugeinsatz werden vor allem Anschweißhaken mit „Sicherheitsfallen" verwendet. Der Haken ist so ausgebildet und angebracht, dass die Last bei allen Arbeitsbewegungen des Baggers gehalten wird. Zum Aushängen muss die Hakensicherung durch einen Mitarbeiter bewusst geöffnet werden – ein versehentliches Aushängen wird sicher vermieden.

Lasthaken mit Sicherheitsfalle

Der Unternehmer hat am Einsatzort von Lastaufnahmemitteln oder Anschlagmitteln Unterlagen bereitzuhalten, aus denen folgende Angaben entnommen werden können:

- Tragfähigkeit,
- Eigengewicht von Lastaufnahmemitteln, sofern dieses 5 % der Tragfähigkeit oder 50 kg überschreitet.

Die Angaben müssen eine eindeutige Zuordnung zum Lastaufnahmemittel bzw. Anschlagmittel sicherstellen und bei Anschlagketten eine Verwechslung mit Ketten anderer Güte ausschließen.

Die Unterlagen sind nicht erforderlich, wenn die Angaben deutlich erkennbar und dauerhaft an den Lastaufnahmemitteln und Anschlagmitteln angebracht sind.

Weitere Informationen finden Sie in der DGUV Regel 100-500, Kapitel 2.8 „Betreiben von Lastaufnahmeeinrichtungen im Hebezeugbetrieb" sowie in den Broschüren „Der Kranführer" und „Sicheres Anschlagen von Lasten", erschienen im Resch-Verlag.

Merke: Wenn Sie ein Gerät nicht bestimmungsgemäß verwenden, gehen Sie ein persönliches Risiko ein! Sie haben die rechtlichen Konsequenzen zu tragen!

Bevor Sie das Fahrerhaus verlassen, immer den Hebel für die Hydraulikabschaltung in Nullstellung bringen. Beim Ein- oder Aussteigen Haltegriffe und Trittstufen oder Sprossen benutzen.

Voraussetzungen für den sicheren Einsatz

Wartung: Bewahrung des Sollzustandes (Herstellerangaben, Wartungszyklen beachten)

Instandsetzung: Wiederherstellung des Sollzustandes

Tägliche Wartung

Der Maschinenführer prüft die Maschine täglich vor Inbetriebnahme. Er kontrolliert dabei die Funktion der Bedienungs- und Sicherheitseinrichtungen, ob die Scheiben sauber und alle Spiegel richtig eingestellt sind und ob ggf. vorhandene Kamera-/Monitorsysteme funktionieren. Stellt er dabei „augenfällige“ Mängel fest, wie Undichtigkeiten an Hydraulikleitungen, Beschädigungen und Verschmutzungen an Scheiben und Beleuchtungseinrichtungen oder lockere Verschraubungen und Verriegelungen, dann behebt er diese Mängel oder veranlasst, dass sie durch Fachleute repariert werden. Das Reinigen und Einrichten von Spiegeln gehört ebenso selbstver-

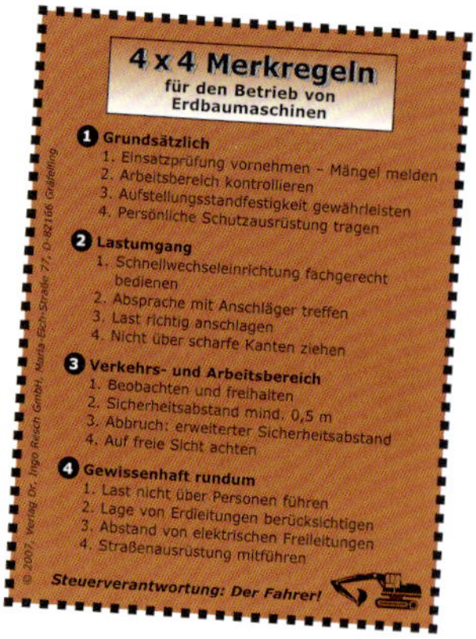

Bei ständigen Arbeiten an Hängen muss die Betriebsanleitung des jeweiligen Gerätes beachtet werden, denn der Ölstand könnte höher sein als bei Arbeiten im ebenen Gelände.

ständlich dazu wie die Kontrolle des Kühlwassers und der Ölstände im Motor und in den Hydrauliksystemen.

Stellt er hierbei oder später während des Betriebes Mängel fest, die die Arbeits-, die Betriebs- oder die Verkehrssicherheit beeinträchtigen, hat er sofort den Vorgesetzten zu informieren und zu veranlassen, dass die Mängel behoben werden: Mit dem defekten Gerät darf nicht (weiter-)gearbeitet werden!

> *Merke: Tägliche Kontrollen sind aus sicherheitstechnischen und wirtschaftlichen Gründen unerlässlich. Der Maschinenführer ist für diese täglichen Kontrollen zuständig.*

Welche Kontroll-, Wartungs- und Instandsetzungsarbeiten durchzuführen sind, geht aus der Betriebs-/Wartungsanleitung hervor. Insbesondere handelt es sich dabei um Einstell-, Schmier- und Reinigungsarbeiten.

Mögliche Schäden an Erdbaumaschinen

Schäden im Hydrauliksystem

- Verbogene Kolbenstangen, zerstörte Dichtungen, beschädigte Gelenke und Lenker zeugen von möglichen Überlastungen, nicht bestimmungsgemäßer Verwendung oder Unachtsamkeit beim Betrieb der Maschine.
- Schadensursache können auch Ölverschäumung und Kavitation (Hohlraumbildung in schnell strömenden Flüssigkeiten) sein.

Beim Verschäumen kommt es zu einer Vermischung der Flüssigkeit mit Luft, hervorgerufen durch zu starke Bewegung des Öls im Tank oder durch Lufteintritt in das System über eine beschädigte Dichtung.

Kavitation ist das Ergebnis einer mangelhaften Versorgung der Pumpe mit Hydraulikflüssigkeit, weil Luft oder Dampfbläschen zugemischt werden.

Mögliche Ursachen der Verschäumung:
Der Flüssigkeitsstand im Hydraulikölbehälter ist zu niedrig. Liegt die Ansaugleitung frei, tritt Luft in das System ein.

Der Maschinenführer muss den Ölstand täglich kontrollieren!

Wenn sich undichte Stellen in der Ansaugleitung befinden, dann gelangt Luft in die Pumpe. In einem solchen Fall muss die Arbeitshydraulik ohne Last angehoben, abgesenkt, und es muss beobachtet werden, ob sie gleichmäßig gleitet.

Tägliche Sichtkontrollen durchführen!

Undichte Stelle an einer Dichtung oder einem Leitungsanschluss: Wenn sich zum Absenken das Steuerventil in der Stellung „gleiten“ befindet, entsteht am Stangenende des Zylinders ein Vakuum, und Luft kann an beschädigten Dichtungen oder Kolbenstangen in das System eindringen. Arbeiten unterbrechen und Mängelabstellung veranlassen!

Starke Flüssigkeitsbewegung im Hydraulikölbehälter kann durch zu starken Ölfluss hervorgerufen werden und zwar durch das Überdruckventil als Folge zu niedriger Einstellung des Ventils oder eines zu hohen Systemdrucks. Letzterer wird durch Überlastung der Maschine oder falsche Arbeitstechniken verursacht.

Darum: Stets die Angaben des Herstellers beachten und richtige Arbeitstechniken anwenden!

Kavitation kann folgende Ursachen haben:

- Behinderung des Flüssigkeitsstromes in der Ansaugleitung durch zu enge Leitung, verbogenes Rohr, zusammengefallenen Schlauch oder ein verstopftes Sieb. Beim Wechseln von Hydraulikleitungen sind die Herstellerangaben zu beachten. Tägliche Sichtkontrolle durchführen! Bei Leistungsabfall des Hydrauliksystems müssen die Arbeiten bis zur Wiederherstellung des Sollzustandes unterbrochen werden!

- Ein hohes Vakuum im Hydraulikölbehälter: Ölstand kontrollieren und Sichtkontrolle nach undichten Stellen durchführen!
- Hydraulikflüssigkeit mit zu hoher Viskosität, die vor allem bei niedrigen Temperaturen nur schwer durch die Leitungen fließt: Herstellerangaben beachten und das richtige Öl nachfüllen!

Schäden am Motor

Der Aufwand für das Einhalten der Wartungsintervalle (z. B. Wechseln des Öles und der Filter) steht in keinem Verhältnis zu den Kosten einer Motorreparatur bei mangelhafter Wartung.

Bei Maschinen, die man überwiegend bei erhöhtem Staubanfall (z. B. Abbrucharbeiten mit hydraulischem Abbruchhammer) einsetzt, muss Folgendes beachtet werden:

- Kühlrippen des Motors reinigen,
- Ölstand kontrollieren,
- Ölkühler reinigen,
- Luftfilter reinigen und nach Bedarf austauschen,

Der Luftfilter ist stark verunreinigt und wurde nicht ausgewechselt.

Ein verschmutztes Lüfterrad beeinträchtigt die Motorkühlung.

- Motor nicht überhitzen,
- nach Kaltstart nicht sofort mit hoher Motordrehzahl arbeiten,
- tägliche Wartung und Pflege durchführen.

Instandsetzung

Hydraulikschläuche darf nur wechseln, wer in diesen Arbeiten fachkundig ist. Siehe bspw. auch: DGUV R 113-015 „Hydraulik-Schlauchleitungen – Regeln für den sicheren Einsatz“.

Folgende Punkte sind u. a. zu beachten:

- Die Standsicherheit muss gewährleistet sein (Maschine auf festem und ebenem Grund abstellen).
- Vor Wartungs- und Reparaturarbeiten ist der Motor abzustellen, Arbeitseinrichtungen sind abzusetzen.
- Feststellbremse aktivieren, evtl. die Räder zusätzlich mit Unterlegkeilen sichern.
- Hochgestellte Geräteteile mechanisch abstützen (Abstützböcke, Manschette an Kolbenstange).
- Knickbereich sichern.
- Flüssigkeitssysteme (z. B. Hydraulik, Kühlung), die unter Druck stehen, entspannen (s. a. Vorgaben der Betriebsanleitung).

Wechseln eines Hydraulikschlauches

- Flüssigkeit, wie z. B. Hydrauliköl, abkühlen lassen. Kontrolle nach den Angaben in der Betriebsanleitung.

Prüfung durch eine befähigte Person

Erdbaumaschinen sind regelmäßig durch eine zur Prüfung befähigte Person auf ihren arbeitssicheren Zustand zu prüfen (s. § 14 der Betriebssicherheitsverordnung). Die Prüffristen werden vom Unternehmer im Rahmen einer Gefährdungsbeurteilung festgelegt. Hinweis: Derartige regelmäßige Prüfungen wurden früher als „Sachkundigenprüfungen" bezeichnet, und sie waren entsprechend den Einsatzbedingungen und den betrieblichen Verhältnissen in angemessenen regelmäßigen Zeitabständen, mindestens jedoch einmal jährlich durchzuführen.

Die Prüfergebnisse sind schriftlich festzuhalten und mindestens bis zur nächsten Prüfung aufzubewahren. Eine Kopie sollte im jeweiligen Gerät mitgeführt werden.

Prüflisten erleichtern der zur Prüfung befähigten Person die Kontrollen und verhindern, dass wichtige Punkte übersehen werden. Für zahlreiche Maschinengruppen bietet die Berufsgenossenschaft der Bauwirtschaft entsprechende Prüflisten an.

Ein Betriebs-Kontrollbuch, bei jeder Maschine wie ein Fahrtenbuch geführt, dokumentiert alles entsprechend.

Prüfplakette

Zur leichteren Überwachung, wann die nächste Prüfung fällig ist, empfiehlt es sich, an Baumaschinen gut sichtbar eine Prüfplakette anzubringen.

Die gewissenhafte Tätigkeit der befähigten Person ist für den Betrieb in jedem Falle wichtig. Vorbeugend wird mit der regelmäßigen Überprüfung Unfällen, Sachschäden und Ausfallzeiten entgegengewirkt.

Die Prüfplakette zeigt dem Fahrer die nächste Prüfung an.

Merke: Nur ein intaktes Gerät arbeitet wirtschaftlich (ohne plötzliche Unterbrechungen) und sicher (für Fahrer und Personen im Umfeld). Deshalb sind regelmäßige Kontrolle und Pflege des Gerätes, insbesondere der Hydraulik, lebenswichtig.

Der Maschinenführer sollte die Wartungsanleitung zumindest insoweit kennen, dass er beim Betrieb auftretende Fehler lokalisieren und bei der Anforderung des Servicepersonals möglichst genau beschreiben kann. Instandsetzungsarbeiten können dann von der Werkstatt gezielt ausgeführt werden.

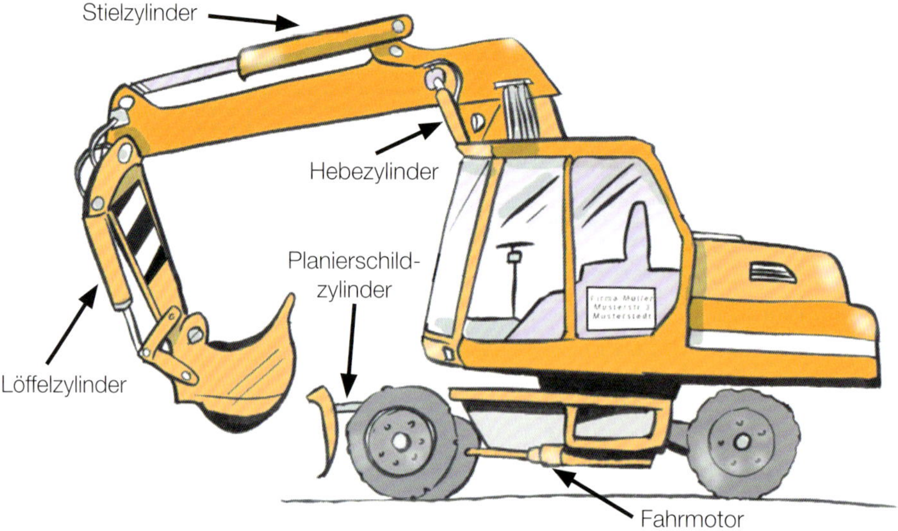

Nur der Baggerfahrer, der die einzelnen Baugruppen kennt, kann auch die richtige Auskunft geben.

Voraussetzungen für die Teilnahme einer Erdbaumaschine am öffentlichen Straßenverkehr

Erdbaumaschinen dürfen im öffentlichen Verkehrsraum (Flächen, die der Allgemeinheit offenstehen) nur fahren und betrieben werden, wenn sie nach der StVZO, StVO und FZV ausgerüstet sind und der Maschinenführer/Fahrer die entsprechende Fahrerlaubnis (Führerschein) nach FeV (Fahrerlaubnis-Verordnung) besitzt. Zuordnungen und Ausnahmen sind nachfolgend aufgeführt.

Folgende Fahrerlaubnis (Führerschein) ist notwendig:

- Bei einer durch die Bauart bestimmten Höchstgeschwindigkeit (bbH) von maximal 6 km/h darf ohne Fahrerlaubnis (Führerschein) gefahren werden.
- Beträgt die bbH maximal 25 km/h, ist die Fahrerlaubnis der Klasse L (früher Führerscheinklasse 5) erforderlich. Die zulässige Gesamtmasse bleibt unberücksichtigt.
- Beträgt die bbH mehr als 25 km/h, ist bei Erdbaumaschinen (z. B. Mobilbagger/Radlader):
  a) mit einer zulässigen Gesamtmasse bis einschließlich 3.500 kg die Fahrerlaubnisklasse B,
  b) über 3.500 kg bis einschließlich 7.500 kg zulässige Gesamtmasse die Fahrerlaubnisklasse C1 (früher Führerscheinklasse 3),
  c) über 7.500 kg zulässige Gesamtmasse die Fahrerlaubnisklasse C (früher Führerscheinklasse 2) erforderlich.

Es müssen folgende Dokumente mitgeführt werden:

- Die erforderliche Fahrerlaubnis (Führerschein),
- Betriebserlaubnis (Allgemeine Betriebserlaubnis – ABE oder Einzelbetriebserlaubnis – EBE) oder EG-Typgenehmigung für Erdbaumaschinen (z. B. Mobilbagger/Radlader) mit einer zulässigen Höchstgeschwindigkeit über 6 km/h,
- Betriebsanleitung,
- Aufzeichnungen über die Prüfung nach § 14 BetrSichV.

Eine selbstfahrende Arbeitsmaschine von nicht mehr als 6 km/h bbH benötigt keine Betriebserlaubnis, sie muss jedoch ebenfalls den einschlägigen Vorschriften der StVZO (Abmessungen, Gewichte, Be-

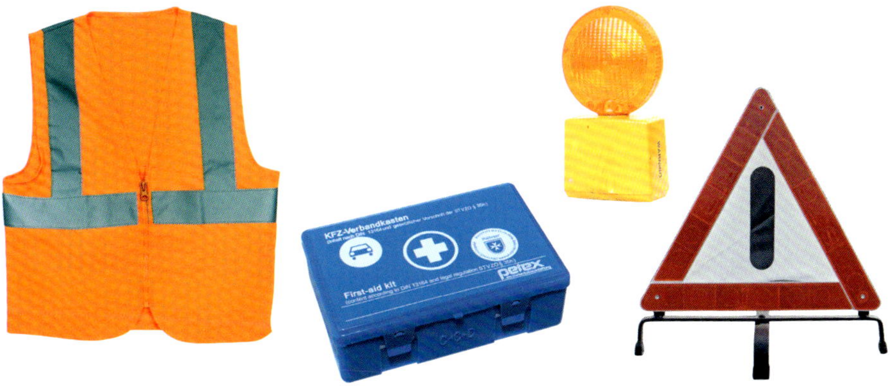

Bagger und Radlader: Ausrüstung für den Fahrer im öffentlichen Verkehr (Beispiele)

leuchtung, Bremse, Lenkung etc.) entsprechen.

Ist die bbH kleiner oder gleich 20 km/h, dann reicht die Kennzeichnung auf der linken Seite der Erdbaumaschine mit Vorname/Zuname und Wohnort (Firma und Sitz) des Besitzers aus (nach StVZO).

Ist die bbH höher als 20 km/h, dann muss die selbstfahrende Erdbaumaschine ein eigenes Kennzeichen haben.

Checkliste für den Fahrer
Die nebenstehende Checkliste dient als Orientierungshilfe für selbstfahrende Arbeitsmaschinen (Erdbaumaschinen) im öffentlichen Verkehrsraum. Ausnahmeregelungen hinsichtlich erforderlicher Unterlagen siehe ABE, EBE, Fahrerlaubnis.

Für selbstfahrende Arbeitsmaschinen (z. B. Bagger und Radlader) gilt:

- Wenn das Sichtfeld nicht ausreicht, muss dem Maschinenführer mindestens eine Begleitperson als Einweiser an Kreuzungen und Straßeneinmündungen die für das sichere Führen erforderlichen Hinweise geben.
- Die Entfernung von der Mitte des Lenkrads bis zur Vorderkante des Auslegers/der Schaufel darf nicht mehr als 3,50 m betragen, es sei denn, der Bagger wird als Anhänger befördert (s. Verwaltungsvorschriften und Richtlinien zur StVO und StVZO).
- Der Abstand von den Hauptscheinwerfern oder Fahrtrichtungsanzeigern bis zu den vordersten Teilen der Arbeitseinrichtung (Schaufelspitze, Löffel) darf bei der Fahrt auf öffentlichen Straßen 3,50 m nicht überschreiten.

Merke: Die Checklisten und die Betriebsanleitungen geben Hinweise und bieten eine Orientierungshilfe, damit der Fahrer die vorgeschriebenen Bestimmungen der StVZO im öffentlichen Straßenverkehr einhalten kann. Das Nichtbeachten verstößt gegen die StVO.

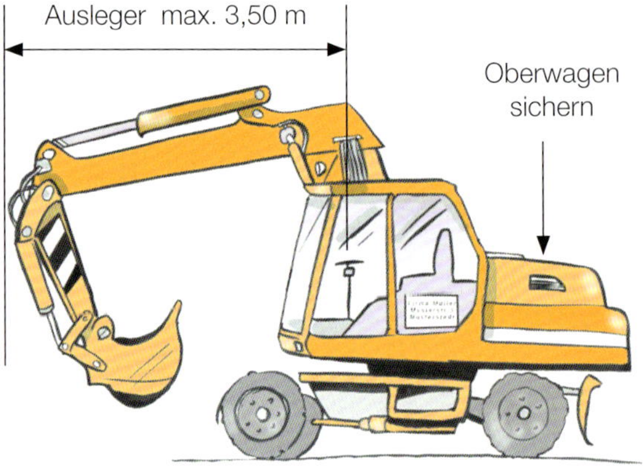

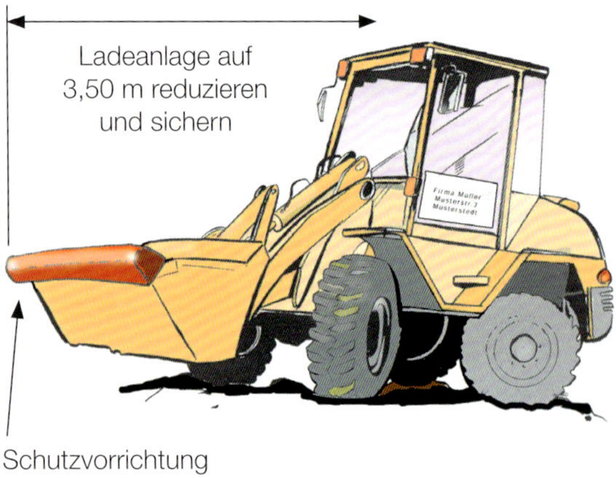

Checkliste für den Fahrer	Ja	Nein
Betriebserlaubnis oder EG-Typgenehmigung dabei?		
Betriebserlaubnis oder EG-Typgenehmigung gültig?		
Aufzeichnung über die Prüfung nach § 14 BetrSichV (früher Sachkundigenprüfung) dabei?		
Aufzeichnung über die Prüfung nach § 14 BetrSichV (früher Sachkundigenprüfung) gültig?		
Die richtige Betriebsanleitung im Fahrerhaus?		
Die notwendige Fahrerlaubnis (Führerschein) dabei?		
Unterweisung?		
Beauftragung?		
Sichtkontrolle?		
Firmenschild an der linken Seite bzw. Kennzeichen angebracht?		
Beleuchtete Nummernschilder hinten und vorne angebracht?		
Verbandskasten?		
Warndreieck?		
Warnweste?		
Feuerlöscher?		
Arbeitseinrichtung (z. B. Schaufel, Tieflöffel) leer?		
Arbeitseinrichtung (z. B. Schaufel, Ausleger) in Fahrtstellung gesichert?		
Spiegel in Ordnung (zwei Außen- und ein Innenspiegel) und eingestellt?		
Sind die Scheiben in Ordnung, sauber, beschlag- und eisfrei?		
Scheibenreinigungseinrichtungen (Waschanlage, Scheibenwischer) in Ordnung?		
Sind die scharfen Kanten und/oder Zähne über die ganze Breite der Arbeitseinrichtung abgedeckt?		
Ist die rot-weiße Schraffierung am Ausleger (an beiden Seiten) erkennbar angebracht?		
Leuchten beide Begrenzungsleuchten (nur bei Dunkelheit erforderlich)?		
Sind Rückstrahler am Planierschild befestigt? Fahrtrichtungsabhängig!		
Zwei Unterlegkeile vorhanden?		
Ist das Führerhaus (bei drehbarem Oberwagen) zur Lenkachse ausgerichtet? (Wichtig für Lenk- und Fahrtrichtung)		
Ist der Oberwagen gegen Verdrehen gesichert?		
Pendelachsarretierung ausgeschalten?		
Arbeitshydraulik ausgeschalten?		
Tür gegen Zuschlagen gesichert?		
Sicherheitsgurt vorhanden und in Ordnung?		
Sicherheitsgurt angelegt?		
Verkehrssicherer Zustand? (Kontrollleuchtenüberprüfung, Bremse, Lenkung, Beleuchtung)		

Erdbaumaschinen

Was ist eine Erdbaumaschine?

(Auszug aus der DIN EN 474-1)

Erdbaumaschinen sind selbstfahrende oder gezogene Maschinen auf Rädern, Raupen oder Stützbeinen, mit Arbeitseinrichtung und/oder Arbeitsausrüstung (Arbeitswerkzeug), primär konstruiert für Graben, Laden, Transportieren, Verteilen, Verdichten oder Fräsen von Erde, Gestein oder ähnlichen Materialien.

Anmerkung: Eine Erdbaumaschine wird im Allgemeinen von einem aufsitzenden Maschinenführer bedient, kann aber auch ferngesteuert oder mitgängergeführt bedient werden.

Erdbaumaschinen wurden im Laufe von vielen Jahren entwickelt, den Anforderungen angepasst und hierfür optimiert. Hierbei haben sich spezielle Typen herauskristallisiert, die den besonderen Einsatzbedingungen und Aufgaben gerecht werden können: dem Lösen von Material, Verteilen, Beladen, Transportieren, Einebnen, Abladen und vielem mehr.

Typen von Erdbaumaschinen

Nach der Normenserie DIN EN 474 gibt es folgende Typen von Erdbaumaschinen:

Planiermaschinen

Geräte: Planierraupen, Raddozer

Arbeitsausrüstung: Verschiedene Räumschilde, Heckaufreißer, Windenanbau

Arbeiten: Lösen, Schieben, Einebnen, Ziehen

Planiermaschinen müssen immer mit einem Überrollschutzaufbau und einem Rückhaltesystem (z. B. Beckengurt) ausgerüstet sein. Erst durch das Benutzen des Rückhaltesystems ist die Schutzfunktion des Überrollschutzaufbaus gewährleistet.

Planierraupe mit Aufreißer

Lader

Geräte: Radlader, Raupenlader, Kompaktlader, Schwenk-, Überkopflader

Arbeitsausrüstung: Verschiedene Schaufeln, Hebezeugeinrichtung, Gabelzinken, Kehreinrichtungen, Abbruchwerkzeuge, Baumklammer

Radlader im Schaufeleinsatz

Schwenklader mit Klappschaufel

Arbeiten: Füllen, Heben, Transportieren, Entladen

Kompaktlader sind Lader mit einem Betriebsgewicht ≤ 4.500 kg, konstruiert für Arbeiten in beengten Räumen, in denen eine erhöhte Beweglichkeit erforderlich ist.

Lader arbeiten durch ihre Vorwärts-Rückwärtsbewegung. Sie müssen stets mit einem Überrollschutzaufbau und einem Rückhaltesystem ausgestattet sein.

Durch die Verwendung von Schnellwechselsystemen (mechanisch oder hydraulisch betätigt) werden Lader vermehrt auch als Multifunktionsgeräte eingesetzt. Das Wechseln der Arbeitseinrichtung (z. B. Schaufel, Multifunktionsschaufel, Mischschaufel, Kehrbesen) kann hiermit durch den Maschinenführer eigenständig vorgenommen werden. Die sicherheitstechnischen Anforderungen in den Betriebsanleitungen der Hersteller sind unbedingt zu beachten.

Baggerlader

Geräte: Baggerlader auf Rädern oder Raupen, Baggerlader mit Abstützungen

Arbeitsausrüstung: Verschiedene Lader- und Baggerschaufeln, Hebezeugeinrichtungen (Einrichtungen zum Heben von Lasten), Planiereinrichtung, Baumklammer, Gabelzinken, Abbruchausrüstung, Greifer

Arbeiten: Füllen, Heben, Transportieren, Graben, Schwenken, Entladen

Sie müssen stets mit einem Überrollschutzaufbau und einem Rückhaltesystem ausgestattet sein.

Auch Baggerlader werden durch die Verwendung von Schnellwechselsystemen (mechanisch oder hydraulisch betätigt) vermehrt auch als Multifunktionsgeräte eingesetzt. Das Wechseln der Arbeitseinrichtung (z. B. Schaufel, Multifunktionsschaufel, Mischschaufel, Kehrbesen, Tieflöffel, Grabenräumlöffel, Verdichtungsplatte, Abbruchhammer) kann durch den Maschinenführer eigenständig vorgenommen werden. Zu beachten sind die sicherheitstechnischen Anforderungen in den Betriebsanleitungen der Hersteller.

Baggerlader mit Klappschaufel und festgelegtem Heckbagger

Raupenhydraulikbagger mit Schwenklöffel

Seilbagger mit Schleppschaufel

Bagger

Bagger werden in verschiedenen Ausführungen hergestellt und sind entsprechend unterschiedlich zu bedienen. Je nach Art der Übertragung der Kräfte für die Bewegung der Arbeitseinrichtungen (z. B. Ausleger, Stiel) bzw. Arbeitsausrüstungen (z. B. Tieflöffel, Hochlöffel, Abbruchhammer, Abbruchschere, Greifer, Greiferschaufel, Schürfkübel, Verdichtungsplatte, Abbruchbirne) unterscheidet man zwischen Hydraulikbagger und Seilbagger.

Hydraulikbagger

Geräte: Rad-/Raupenbagger, Kompaktbagger, Schreitbagger

Arbeitsausrüstung: Verschiedene Grabgefäße, Ramm-, Bohr-, Abbruchausrüstung, Einrichtungen zum Heben von Lasten (Hebezeugbetrieb)

Arbeiten: Graben, Heben, Schwenken, Entladen

Hydraulikbagger mit einem Betriebsgewicht über 6.000 kg und unter 50.000 kg müssen mit einem Überrollschutzaufbau ausgestattet sein, wenn sie in Bereichen eingesetzt werden, in denen die Gefahr des Überrollens besteht. Seit 31.1.2014 gilt diese Einschränkung nicht mehr, d. h. alle neuen Geräte dieser Kategorie sind mit einem Überrollschutzaufbau auszustatten.

Für Kompaktbagger mit einem Betriebsgewicht ≥ 1.000 kg wird ein Umsturzschutz gefordert, Schreitbagger wiederum müssen mit einem Überrollschutzaufbau versehen sein.

Immer daran denken, dass erst durch das Benutzen des Rückhaltesystems die Schutzfunktion des Überrollschutzaufbaus gewährleistet ist.

Seilbagger

Geräte: Rad-/Raupengeräte

Arbeitsausrüstung: Greifer, Ramm-, Bohreinrichtungen, Abbruchausrüstung, Einrichtungen zum Heben von Lasten (Hebezeugbetrieb)

Arbeiten: Graben, Aufnehmen, Verschwenken, Absenken

Die Übertragung der Zugkräfte erfolgt durch Seile. Die Maschinen werden auch als Grundgerät für Ramm- und Bohrarbeiten eingesetzt. Bei Abbrucharbeiten sind Seilbagger mit einer Schlagbirne im Einsatz. Die besonderen dynamischen Beanspruchungen des Gitterauslegers sind dabei zu beachten.

Muldenfahrzeuge

Geräte: Muldenfahrzeug auf Rädern oder Raupen, Kompaktfahrzeuge, Vorder-, Seiten-, Drehkipper, Geräte mit Anbaubagger

Muldenfahrzeug auf Raupen

Arbeitsausrüstung: Verschiedene Mulden, Anbaubagger, Planiereinrichtung, Kehrmaschine

Arbeiten: Transport, Abkippen, Verteilen

Kompaktmuldenfahrzeuge können mit oder ohne Kabine, einem Fahrersitz, einem Standplatz für den Maschinenführer oder als Mitgängermaschine konzipiert sein.

Muldenfahrzeuge (auch Kompaktmuldenfahrzeuge) mit aufsitzendem Maschinenführer müssen mit einem Überrollschutzaufbau und einem Rückhaltesystem ausgestattet sein.

Schürfkübelfahrzeuge (Scraper)

Geräte: Schürfkübelfahrzeuge auf Rädern, Schürfkübelraupen

Arbeitsausrüstung: Verschiedene Schneidmesser, Elevatorausrüstung

Arbeiten: Lösen, Laden, Transportieren, Entladen, Verteilen

Scraper werden eingesetzt, wenn ein meist gleichförmiger Boden (bindig, nichtbindig) aufgenommen, über längere Strecken transportiert und wieder gleichmäßig abgeschüttet werden soll, z. B. im Straßen- oder Deichbau. Sie werden auch bevorzugt im oder am flacheren Wasser für Aushub- oder Gewinnungsarbeiten (z. B. Kaolin) verwendet.

Schürfkübelfahrzeug auf Rädern

Schürfkübelfahrzeuge müssen mit einem Überrollschutzaufbau und einem Rückhaltesystem ausgestattet sein.

Grader

Geräte: Radgeräte

Arbeitsausrüstung: Verschiedene Mittel- und Vorderscharen, Zugeinrichtung, Windeneinrichtung

Arbeiten: Schürfen, Fortbewegung, Planieren

Die Maschinen sind zum Planieren, Herstellen von Böschungen und Gräben und zum Lösen von Material durch Vorwärtsbewegung der Maschine bestimmt. Sie werden insbesondere zur Herstellung des Grob- und Feinplanums von Straßen und Plätzen eingesetzt.

Grader müssen mit einem Überrollschutzaufbau und einem Rückhaltesystem ausgestattet sein.

Grader mit einem Frontplanierschild

Rohrverleger im Tandembetrieb

Rohrverleger

Geräte: Rad-/Raupengeräte

Arbeitsausrüstung: Mechanische oder hydraulische Windenausrüstung, teleskopierbarer Ausleger

Arbeiten: Heben, Halten, Transportieren, Ablassen von Rohren u. Ä.

Rohrverleger können als Einzelgerät oder im sogenannten „Tandembetrieb" mit mehreren Maschinen im Verbund eingesetzt werden.

Ein Überrollschutzaufbau ist nicht erforderlich.

Grabenfräse im Einsatz

Grabenfräsen

Geräte: Rad-/Raupenfräsen, Kabelpflüge, Drainmaschinen

Arbeitsausrüstung: Verschiedene Fräsbalken, Verlegeeinrichtung für Rohre

Arbeiten: Graben, Ausheben, Verlegen von Rohren

Grabenfräsen können mit einem Fahrerplatz oder für den Mitgängerbetrieb konzipiert sein. Geräte mit aufsitzendem Fahrer müssen mit einem Überrollschutzaufbau und einem Rückhaltesystem ausgestattet sein.

Müllverdichter mit Schaffußwalzen

Erd- und Müllverdichter

Geräte: Rad-/Raupengerät

Arbeitsausrüstung: Lade-, Planiereinrichtung, Schaffußwalze, in verschiedenen Ausführungen

Arbeiten: Planieren, Verdichten, Zerkleinern, Bewegen, Laden

Es gilt die Sicherheitsvorschriften in kontaminierten Bereichen zu beachten. Erd- und Müllverdichter müssen mit einem Überrollschutzaufbau versehen sein.

Anbaugeräte

Erdbaumaschinen werden auch aus Kostengründen soweit wie möglich als sogenannte Multifunktionsgeräte eingesetzt. Hierbei werden die Grundgeräte (z. B. Bagger, Lader, Baggerlader) durch das Austauschen der „normalen“ Arbeitseinrichtung (z. B. Schaufel, Tieflöffel) in ihrer Funktion erweitert beziehungsweise besonderen Arbeitsbedingungen angepasst.

Diese Entwicklung ist besonders durch die Einführung von Schnellwechseleinrichtungen (SWE) begünstigt worden.

Bisher wird zwischen zwei Arten von Schnellwechseleinrichtungen unterschieden. Hydraulische und mechanische SWE erlauben das Wechseln der Arbeitseinrichtung durch den Maschinenführer ohne zusätzliche Hilfskräfte.

In der EG-Maschinenrichtlinie wird die Möglichkeit der Funktionsänderung durch Austausch der Arbeitseinrichtung mit dem Be-

Tieflöffel verschiedener Größe für Hydraulikbagger

griff „auswechselbare Ausrüstung“ belegt. Wichtig ist hierbei, dass eine auswechselbare Ausrüstung wie eine Maschine zu betrachten ist, also die gleichen Anforderungen (z. B. Typenschild, CE-Kennzeichen, EG-Konformitätserklärung, Betriebs- und Montageanleitung) zu erfüllen hat.

Achtung! Wenn man an eine Maschine (z. B. Hydraulikbagger als Grundgerät) eine auswechselbare Ausrüstung (z. B.

Hydraulische Schnellwechseleinrichtung an einem Hydraulikbagger

Greifer) anbaut, ist nach dem Zusammenfügen dieser zwei Maschinen üblicherweise eine Neubewertung als neue Maschine durchzuführen.

Beim Anbau einer auswechselbaren Ausrüstung an ein Grundgerät ist „lediglich“ die sogenannte „Kompatibilität“ herzustellen. Dies bedeutet, dass die beiden „Maschinen“ zusammenpassen müssen.

Hier seien als Beispiele die Festigkeit, Standsicherheit, Hydraulikdrücke, Durchflussmenge und die zulässige Traglast genannt. Die Voraussetzungen der Kompatibilität müssen in der Betriebsanleitung/Montageanleitung des Grundgeräts und/oder der auswechselbaren Ausrüstung beschrieben sein.

Besondere Aufmerksamkeit ist ggf. der Reduzierung der zulässigen Traglast durch den Einfluss der Schnellwechseleinrichtung (ggf. Veränderung der Reichweite bzw. das zusätzliche Eigengewicht) geboten.

Hydraulikbagger mit Verdichterplatte

Radlader mit Rohrgreifer

Arbeiten mit der Erdbaumaschine

Gefahrbereich

Der Gefahrbereich ist die Umgebung der Erdbaumaschine, in der Personen durch arbeitsbedingte Bewegungen des Gerätes, seiner Arbeitseinrichtungen und seiner Anbaugeräte sowie durch schwingendes Ladegut, durch herabfallendes Ladegut oder durch herabfallende Arbeitseinrichtungen erreicht werden können.

Beim Aufenthalt im Gefahrbereich einer Erdbaumaschine kann eine Person durch Fahr-, Schwenk- und andere Arbeitsbewegungen getroffen, angefahren, überrollt, eingequetscht oder auf andere Weise verletzt werden.

Nun lässt es sich nicht immer vermeiden, dass Personen sich zur Ausführung bestimmter Arbeiten (z.B. Anschlagen oder Führen angehobener Einzellasten) kurz in die Nähe der Arbeitseinrichtung und damit in den Gefahrbereich begeben müssen. Solange sie sich dabei im Sichtfeld des Maschinenführers aufhalten und die Arbeitsweise mit ihm abstimmen, ist das Unfallrisiko minimal. Zu Unfällen beim Aufenthalt im Gefahrbereich kommt es aber häufig dann, wenn sich Menschen in den Gefahrbereich begeben, ohne mit dem Maschinenführer zuvor Kontakt aufzunehmen, vor allem, wenn sich dies auch noch außerhalb des Blickfeldes des Maschinenführers abspielt (Stichworte: Sichteinschränkung, toter Winkel).

Merke: Erst arbeiten, wenn sich keine Person im Gefahrbereich aufhält. Betritt eine Person unbefugt den Gefahrbereich Ihrer Maschine, dann unterbrechen Sie sofort die Arbeit und fordern Sie sie auf, den Gefahrbereich zu verlassen.

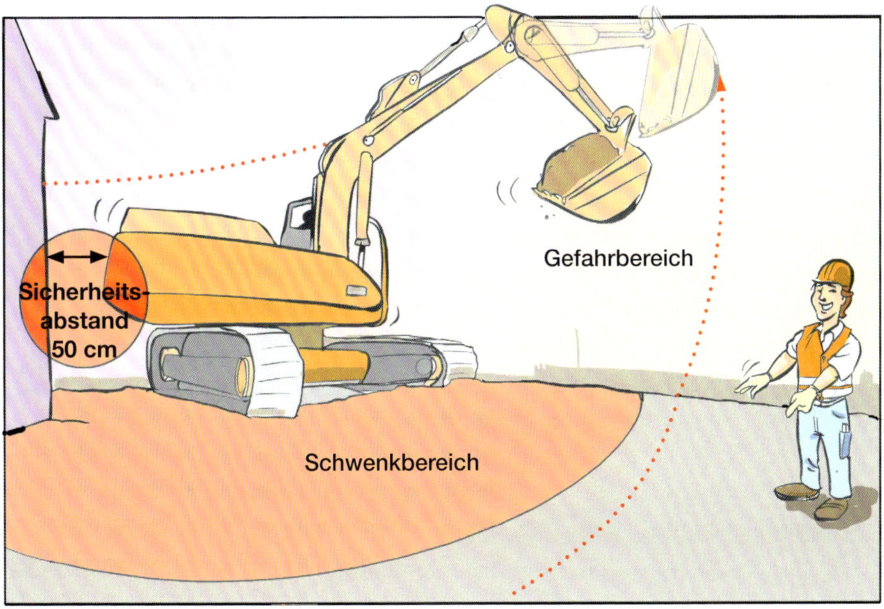

Gefahrbereich eines Baggers

Auch hinter dem Gerät dürfen sich keine Personen aufhalten!

Mit einem sauberen und eingestellten Spiegel kann man „der Gefahr ins Auge blicken“.

Zu festen Bauteilen, z. B. Bauwerken, Abtragswänden, anderen Maschinen oder Stapeln, ist ein Sicherheitsabstand von mindestens 0,50 m einzuhalten. Ist dies nicht möglich, ist der Bereich abzusperren.

Ist die Sicht des Maschinenführers eingeschränkt, muss er eingewiesen oder der Arbeitsbereich durch eine feste Absperrung gesichert werden. Der Einweiser muss sich im Sichtfeld des Fahrers aufhalten.

Sicht

Außen- und Innenspiegel sind für die Sicht nach hinten und nach den Seiten notwendig. Doch hängt der Nutzen des Spiegels von der Gewissenhaftigkeit des Maschinenführers ab. Er muss ihn sauber halten, einstellen und nach Beschädigung oder Diebstahl sofort ersetzen.

Vor Rückwärtsfahrt mit dem Bagger sollte immer überlegt werden, ob nicht folgendes Vorgehen möglich ist, bei dem die Sichtverhältnisse wesentlich besser sind:

- Den Oberwagen quer über den Unterwagen stellen. Voraussetzung ist der Sicherheitsabstand von 0,50 m zu festen Bauteilen, Personen und Maschinen sowie die Standsicherheit des Baggers.
- Ausleger soweit wie möglich einknicken und Arbeitseinrichtung so nah wie möglich über den Fahrweg stellen.

Im Anschluss daran kann der Bagger verfahren werden.

Der Fahrer (s. Abb. nächste Seite oben) kann den linken und den vorderen Bereich beim Rückwärtsfahren (nach links) überblicken. Dreht der Fahrer den Oberwagen nicht, kann er den rückwärtigen Raum nicht einsehen, und er muss sich einweisen lassen.

Bei Hydraulikbaggern, bei denen sich der Ausleger vor dem Fahrerhaus befindet, kann nach links und rechts gefahren werden, ohne den Oberwagen zu drehen. Der

Rückwärtsfahrt mit gedrehtem Oberwagen

Blick durch die rechte Scheibe wird nicht durch den Ausleger beeinträchtigt.

Weitere technische Möglichkeiten zur Verbesserung der Sicht

Die Sichtverhältnisse an Erdbaumaschinen konnten in den vergangenen Jahren durch übersichtlichere Konstruktionen verbessert werden, es verbleiben jedoch häufig noch sogenannte „tote Winkel", also Bereiche, die vom Fahrerplatz aus nicht eingesehen werden können. Um daraus resultierenden Unfällen entgegen zu wirken, müssen Erdbaumaschinen ab Baujahr 2009 als Standardausrüstung die Sichtfeldanforderungen der ISO 5006: 2006 „Erdbaumaschinen – Sichtfeld – Testverfahren und Anforderungskriterien" erfüllen. Nachrüstsätze für ältere Maschinen sind erhältlich und mit überschaubarem Aufwand einzubauen – und mit so ausgerüsteten Maschinen kann deutlich sicherer und produktiver gearbeitet werden!

Hydraulikbagger mit Kamera auf dem Kontergewicht zur Verbesserung der Sicht im Rückraum; der Monitor befindet sich am Maschinenführerplatz.

Merke:
- *Nutzen Sie die technischen Möglichkeiten (Kamera-/Monitorsysteme oder zusätzliche Spiegel), um die Sicherheit bei der Arbeit zu verbessern. Fragen Sie ggf. den Unternehmer danach.*
- *Personen, die in der Nähe der Erdbaumaschine arbeiten, müssen so viel Abstand halten, dass ein unbeabsichtigtes Hineinlaufen in den Gefahrbereich ausgeschlossen ist.*
- *Unfälle im Gefahrbereich können nur durch optimale Ausstattung der Maschinen mit Sichthilfen, sehr gute Arbeitsorganisation und regelmäßige Unterweisung aller Mitarbeiter auf der Baustelle verhindert werden.*

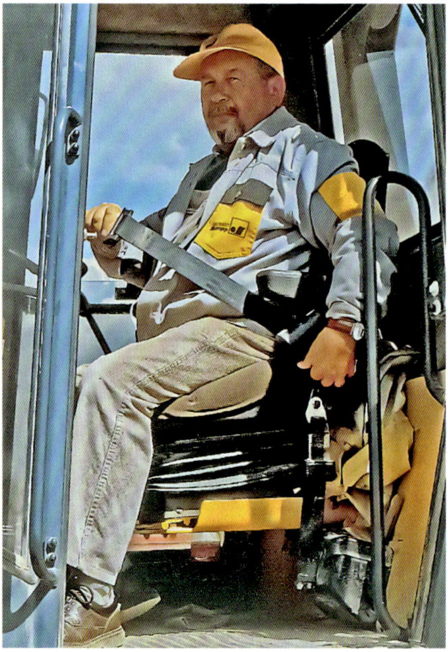

Erst gurten – dann starten!

Fahrbetrieb

Die Fahrwege müssen ausreichend breit, mit möglichst geringem Gefälle und auf tragfähigem Untergrund angelegt werden.

Schaufelhöhe so nah wie möglich über dem Boden anpassen – auch beim Rückwärtsfahren.

Vor der Inbetriebnahme der Maschine sind der Fahrersitz und die Spiegel so einzustellen, dass ein sicheres Arbeiten möglich ist.

Ist die Maschine mit einem Sicherheitsgurt ausgerüstet (beispielsweise Radlader und Planiergeräte), muss dieser beim Betrieb immer angelegt werden. Der Sitzgurt soll den Fahrer beim Umkippen der Maschine im Sitz festhalten, damit er sich im Fahrerhaus nicht verletzt oder gar aus dem Fahrzeug geschleudert wird. Er kann außerdem verhindern, dass der Maschinenführer versucht, bei einem Umsturz panikartig von der Maschine abzuspringen. Gewöhnen Sie es sich – auch bei der Arbeit – an: **Erst gurten, dann starten!**

Merke:
- *Vor Arbeitsbeginn die Funktion aller Stellteile und Sicherheitseinrichtungen prüfen! Stellteile nur vom Fahrerplatz aus bedienen!*
- *Gurt anlegen!*

Wechsel der Arbeitsausrüstungen/ Anbaueinrichtungen

Damit die verschiedenen Zusatzgeräte auf der Baustelle zügig an- und abgebaut werden können, werden Erdbaumaschinen zunehmend mit einer Schnellwechseleinrichtung ausgestattet (s. a. Seite 29).

Beim Aufnehmen und beim Ablegen einer Arbeitsausrüstung mit der Schnellwechseleinrichtung ist so vorzugehen, wie in der Betriebsanleitung vorgegeben. Insbesondere ist zu beachten:

- Ist Kompatibilität zwischen Grundgerüst und Arbeitsausrüstung gegeben („passen sie zusammen“, Betriebsanleitungen lesen!)?
- Vollständige Verriegelung der Schnellwechseleinrichtung mit der Arbeitsausrüstung überprüfen.

Der Fahrer wechselt seine Anbaugeräte ohne Hilfe. Dadurch braucht sich keiner mehr im Gefahrbereich aufzuhalten.

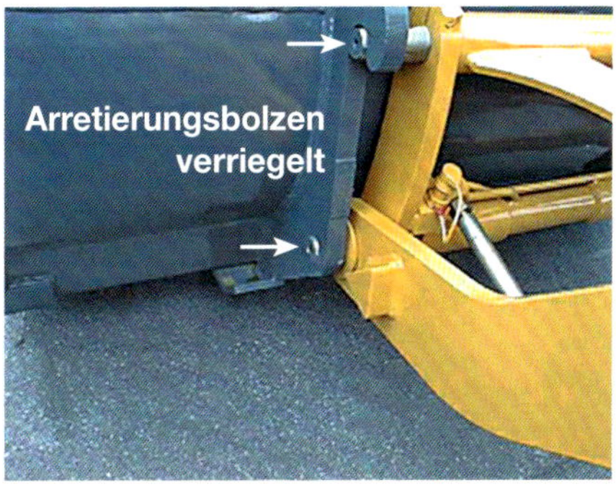

Schaufel nur so weit aufheben, dass sie, sollten sich die Bolzen aus der Arretierung lösen, ohne größeren Schaden auf den Boden gleiten kann.

Merke: Beim Überprüfen darf sich niemand im Gefahrbereich aufhalten.

Beim Ablegen einer Arbeitsausrüstung muss darauf geachtet werden, dass diese beim Lösen der Schnellwechseleinrichtung stabil, vor allem kippsicher gelagert wird.

Standsicherheit

Erdbaumaschinen müssen so eingesetzt, verfahren und betrieben werden, dass die Standsicherheit gewährleistet ist.

Bauarbeiten, dazu gehört auch das Arbeiten mit Erdbaumaschinen, sind von einem fachlich geeigneten Vorgesetzten zu leiten. Alle Arbeiten auf Baustellen müssen von weisungsbefugten Personen beaufsichtigt werden (Aufsichtführende).

Stellt der Maschinenführer z. B. fest, dass er Arbeiten an der Böschung nicht gefahrlos ausführen kann, muss er es den Verantwortlichen auf der Baustelle melden und die Arbeiten unterbrechen, bis eine Entscheidung über das weitere Vorgehen getroffen wurde.

Von Gruben-, Halden- und Böschungsrändern müssen Maschinen so weit entfernt bleiben, dass keine Absturzgefahr besteht. Der Verantwortliche muss entsprechend der Tragfähigkeit des Untergrundes den erforderlichen Abstand von der Böschungskante festlegen.

Merke: Der Maschinenführer ist für die Standsicherheit seines Gerätes verantwortlich. Hinweise findet man in der Betriebsanleitung. Stellt der Maschinenführer fest, dass seine Erdbaumaschine für einen bestimmten Einsatz nicht geeignet ist, darf er diesen nicht ausführen.

Einflüsse, die für die Standsicherheit von Bedeutung sind (Beispiele):

- Bodenbeschaffenheit (nachgiebig, uneben),
- Neigung des Geländes,
- Belastung der Maschine auf den Untergrund:
  - durch die Maschine (Eigengewicht der Maschine, Art und Abmessungen des Fahrwerks) und
  - durch den jeweiligen Arbeitseinsatz (Stellung des Oberwagens zum Fahrwerk, Position des Auslegers, mit der Arbeitsausrüstung aufgenommene oder angehängte Last),

Hier befindet sich die überwiegende Last des Baggers über der Böschungskante → Kippgefahr!

- Fahrweise des Maschinenführers:
  - schnelles Beschleunigen oder Verzögern der Maschine,
  - Losreißen von Lasten.

Wird so gearbeitet wie im Bild links zu sehen ist, ist die Standsicherheit nicht mehr gewährleistet. Die überwiegende Last des Baggers befindet sich über der Böschungskante. Der vordere Bereich der Raupenfahrwerke liegt frei. Gibt der Boden nach oder senkt sich eine Seite des Planierschilds ab, verliert der Bagger das Gleichgewicht und kippt um.

Denken Sie an den Sicherheitsabstand! Bei dieser Gerätegröße beträgt er mindestens 1 m!

Arbeiten an Böschungen

Bei neu angelegten Böschungen liegt der Boden in lockeren Schichten und kann durch die Belastung der Maschine wegbrechen. Häufig wird diese Gefahr unterschätzt.

Bei Arbeiten an Böschungen muss ein Mindestabstand von der Böschungskante eingehalten werden, damit die Standsicherheit gewährleistet ist.

Hinweis für Baggereinsätze
Muss der Oberwagen zum Bearbeiten einer Böschung so geschwenkt werden, dass er senkrecht zum Unterwagen steht – der Unterwagen steht dann parallel zur Böschungskante – ist die Standsicherheit in der Regel geringer als beim Arbeiten in Fahrwerk-Längsrichtung (s. Angaben in der Traglasttabelle).

Soll der Bagger mit querstehendem Oberwagen verfahren werden, ist der Ausleger

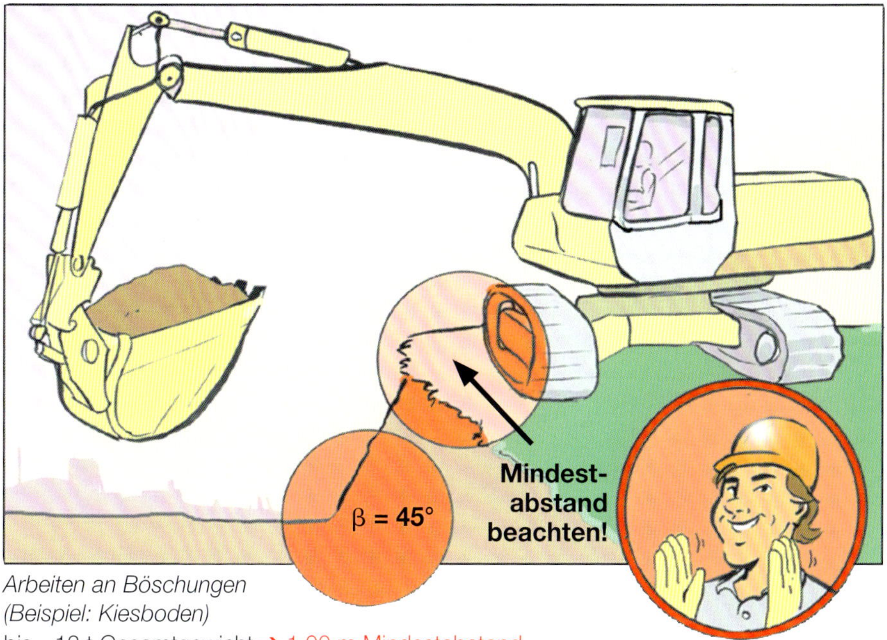

Arbeiten an Böschungen
(Beispiel: Kiesboden)
bis 12 t Gesamtgewicht → 1,00 m Mindestabstand
über 12 t Gesamtgewicht → 2,00 m Mindestabstand
über 40 t Gesamtgewicht → rechnerischer Nachweis erforderlich

daher einzuknicken bzw. die Arbeitsausrüstung möglichst nahe an das Grundgerät heranzuführen. Dadurch wird das Kippmoment verringert.

Wählen Sie über den Fahrhebel eine gewünschte Fahrtrichtung, sollte sich der Bagger auch in die gewünschte Fahrtrichtung bewegen. Deshalb ist es so wichtig, dass die Lenkachse und der Raupenantrieb in die richtige Position gestellt werden – und dies besonders, wenn Sie an Böschungskanten arbeiten!

Arbeiten am Graben

Gräben mit mehr als 1,25 m Tiefe dürfen nur betreten werden, wenn die Grabenwände normgerecht abgeböscht oder durch Verbau gesichert sind. DIN 4124 „Baugruben und Gräben – Böschungen, Verbau, Arbeitsraumbreiten“ enthält hierzu detaillierte Vorgaben.

Vor Aushubbeginn ist festzulegen, wie die Grabenwände gesichert werden sollen. Der Aufsichtführende entscheidet, ob abgeböscht wird oder ob verbaut werden muss und welches Verbausystem ggf. einzusetzen ist. Bei geböschter Ausführung sind die Neigungsgrenzen der DIN 4124 und die Mindestabstände (s. voriger Abschnitt) einzuhalten. Falls Verbau zum Einsatz kommen soll, ist die Einbau- (und Rückbau-) Reihenfolge festzulegen. Werden Verbauelemente verwendet, ist die zugehörige Betriebsanleitung zu beachten. Der Aufsichtführende legt außerdem die Mindestbreiten des Grabens fest, wobei zu beachten ist, ob der Graben betreten werden muss (z. B. zum Herrichten der Grabensohle und zum Rohreinbau) und ob er daher mit ausreichendem Arbeitsraum auszuführen ist. Der Geräteführer hat für die Einhaltung dieser Abmessungen zu sorgen, da er vom Verantwortlichen eingewiesen wurde.

Erdbaumaschine nicht überlasten. Solange das Rohr in den Graben abgelassen wird, darf keiner unter der pendelnden Last stehen. Das pendelnde Rohr zuerst auf die Grabensohle absetzen und langsam wieder anheben. Sicherheitsabstände einhalten!

Vorbildliche Arbeitsweise im Graben: der Graben ist durch ein Verbauelement gesichert, und die Hilfsperson positioniert den Schachtring erst, wenn er nach dem Absetzen auf der Grabensohle wieder leicht angehoben wird.

Zusammenfassung

Bei Aushubtiefen über 1,25 m muss abgeböscht oder verbaut werden, bevor der Graben betreten wird. Ist in Sonderfällen (z. B. bei Kabelgräben, die zum Leitungseinbau nicht betreten werden müssen oder beim Einsatz von Verbauelementen nach dem Einstellverfahren) ein Betreten des Grabens nicht erforderlich, darf der Baggerfahrer den Graben tiefer als 1,25 m ohne Abböschung oder Verbau ausheben, sofern die Standsicherheit trotzdem gewahrt ist und dadurch keine Menschen, Leitungen oder Gebäude gefährdet werden.

Merke:

- *Erdbaumaschine nicht überlasten, die Standsicherheit muss gewährleistet sein.*
- *Den Graben erst betreten, nachdem normgerecht abgeböscht oder ein fachgerechter Grabenverbau eingebracht wurde.*
- *Last erst auf Grabensohle absetzen und dann langsam wieder anheben.*
- *Sicherheitsabstände einhalten.*

Transport einer Rüttelplatte

Hebezeugbetrieb

Werden mit der Erdbaumaschine z. B. Rohre verlegt oder eine Rüttelplatte transportiert, muss die Maschine wie folgt ausgerüstet sein:

- mit einer sicheren Anschlagmöglichkeit für das Anschlagmittel und Angaben zur Traglast (Traglasttabelle),
- zusätzlich bei Hydraulikbaggern mit einer zulässigen Traglast von mehr als 1.000 kg oder ein Kippmoment von mehr als 40.000 Nm:
  a) mit einer Überlastwarneinrichtung und
  b) einer Leitungsbruchsicherung am Hubzylinder des Grundauslegers (Neumaschinen müssen seit März 2012 mit Leitungsbruchsicherungen am Ausleger, bei geteilten Auslegern an jedem Ausleger und am Stiel ausgestattet sein).

Zehn Regeln für den Hebezeugbetrieb:

1. Überprüfen, ob die Erdbaumaschine für den Hebezeugbetrieb ausgerüstet ist (ggf. Betriebsanleitung).
2. Gewicht des zu hebenden Gegenstandes feststellen.
3. Die Angaben der Grabkurve / Traglasttabelle beachten.
4. Anschlagmöglichkeit (z. B. Sicherheitshaken) und Anschlagmittel überprüfen.
5. Bei Hydraulikbaggern: Überlastwarneinrichtung einschalten.
6. Mit dem Einweiser die entsprechenden Handzeichen vereinbaren.
7. Solange die Hilfsperson das Anschlagmittel bzw. den Transportgegenstand anbringt, darf der Maschinenführer die Arbeitseinrichtung sowie das Fahrwerk nicht bewegen.

Gefährlicher und deshalb verbotener Lastentransport!

8. Maschinenführer und Hilfsperson müssen ständig Blickkontakt haben.
9. Der Maschinenführer führt die Lasten möglichst nahe über dem Boden, um das Pendeln zu vermeiden und schwenkt nicht über Personen.
10. Der Fahrweg muss möglichst eben sein, und die Hilfsperson darf nicht in der Fahrspur laufen.

Die Last hängt so nicht sicher. Hier fehlt die sichere Anschlagmöglichkeit. Der Mitgänger versucht – verbotenerweise – die Last festzuhalten, damit sie beim Pendeln nicht vom Schaufelzahn rutscht und abfällt.

Der Mitgänger ist gefährdet, da er in der Fahrspur läuft, und beim Abfallen würde er vermutlich versuchen, die Last festzuhalten und sich dabei schwere Verletzungen im Beinbereich zuziehen.

Merke: Bevor eine Erdbaumaschine beschafft oder eingesetzt wird, ist die zulässige Nutzlast zu ermitteln, insbesondere beim Einsatz im Hebezeugbetrieb oder mit Anbaugeräten.

Nur sichere Anschlagmöglichkeiten verwenden! Die Last so nah wie möglich über dem Fahrweg bewegen! Fängt die Last an zu pendeln, dann kurz auf dem Boden abstellen und wieder anheben. So spart man sich den Mitgänger und wertvolle Arbeitszeit geht nicht verloren. Der Profi versucht die Last immer allein zu transportieren. Nur beim Ein- oder Aushaken holt er sich Hilfe. Braucht der Maschinenführer einen Helfer, dann darf dieser nicht in der Fahrspur laufen. Die Last ist dann zum Beispiel an einem Seil zu führen.

Grabkurve (Hydraulikbagger / Baggerlader) – Beispiel

Bei jeder Unterweisung am Gerät sollte die Bedeutung der „Grabkurve“ angesprochen und erläutert werden.

Anhand der Grabkurve kann festgestellt werden, ob eine bestimmte Arbeit von der Geometrie her ausgeführt werden kann.

Merke: Bevor ein Bagger eingesetzt wird, muss die Grabkurve gelesen werden, damit man die Arbeiten sicher ausführen kann. Sie ist wichtiger Bestandteil der Betriebsanleitung oder des Datenblatts des jeweiligen Baggertyps.

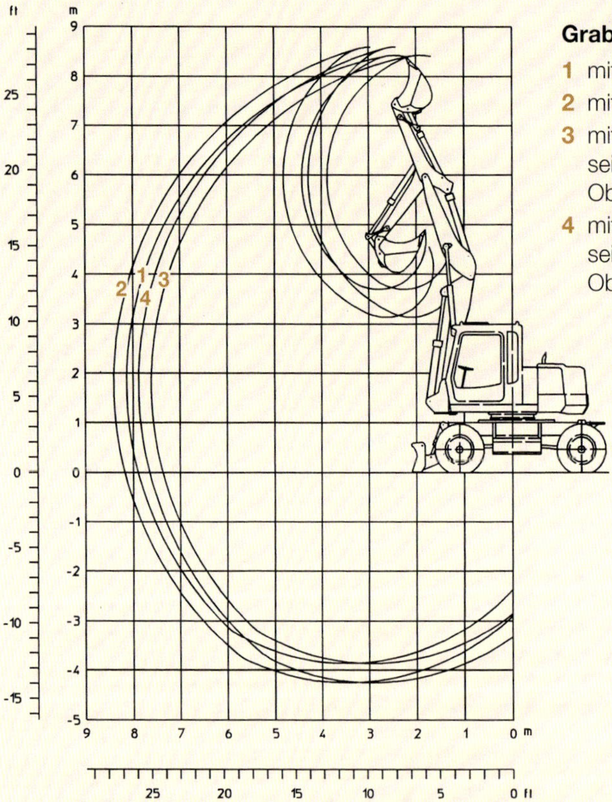

Grabkurven:

1 mit Stiel 1,60 m
2 mit Stiel 2,00 m
3 mit Stiel 1,60 m bei max. seitlicher Verstellung des Oberwagens
4 mit Stiel 2,00 m bei max. seitlicher Verstellung des Oberwagens

Löffelstiellänge	1,60 m	2,00 m
Max. Grabtiefe	3,85 m	4,25 m
Max. Reichweite auf Grundniveau	7,90 m	8,20 m
Max. Ausschütthöhe	6,50 m	6,60 m
Max. Reichhöhe	8,45 m	8,60 m
Min. vordere Ausladung	3,10 m	2,95 m

Die Hydraulikbagger sind für Abbrucharbeiten ausgerüstet.

Steinbruch- und Abbrucharbeiten

Erdbaumaschinen, die vor Erd- und Felswänden oder bei Abbrucharbeiten eingesetzt werden, müssen einen Steinschlagschutz/ein Schutzdach (FOPS) über der Fahrerkabine besitzen. Die Reichhöhe ihrer Arbeitseinrichtung muss mindestens gleich der Höhe des abzubrechenden Bauwerkes oder Bauteils sein (s. a. DGUV I 201-013 „Abbrucharbeiten").

Arbeiten an der Wand

Bei maschinellem Aushub im Hochschnitt (z. B. der Bagger arbeitet nach oben) dürfen die Wände die Reichhöhe (höchste Arbeitshöhe) von Erdbaumaschinen höchstens um 1 m überschreiten.

Bei größeren Wandhöhen müsste man mit der Schaufel die Wand untergraben, um Haufwerk durch Hineinbrechen zu gewinnen. Mensch und Maschine wären hochgradig gefährdet, da sie verschüttet werden könnten. Deshalb: Die Reichhöhe der einzelnen Maschinen beachten, bevor sie eingesetzt werden.

Arbeiten im Bereich von Erdleitungen

Jede Baumaßnahme am oder im Erdreich kann zu einer Beschädigung von erdverlegten Leitungen und damit zu einer Gefährdung von Leib und Leben führen.

Darum muss vor Baubeginn erkundet werden, ob sich im Arbeitsbereich Anlagen befinden, durch die Personen gefährdet werden können. Dies bedeutet beispielsweise:

- Anfrage bei den Versorgungsbetrieben,

Die Leitung trifft nicht auf den Bagger, sondern der Bagger auf die Leitung.

- Pläne einsehen,
- Einweisung durch die Leitungsbetreiber vor Ort,
- Hinweise vor Ort erkunden (Schilder, Schachtdeckel, unterschiedliche Fahrbahnbeläge u. dgl.),
- Einsatz von Suchgeräten,
- Suchschlitze, Sondierungen.

In der Nähe von vorhandenen Anlagen darf nur unter Beachtung der festgelegten Schutzmaßnahmen (s. z. B. Kabelschutzanweisungen) gearbeitet werden.

- Sind Leitungen zu erwarten, wird in Handschachtung weitergearbeitet, um den genauen Leitungsverlauf zu finden.
- Kann die Lage von Leitungen nicht ermittelt werden, sind von Hand Suchgräben anzulegen.

Glücklicherweise war die Gasleitung noch nicht in Betrieb.

Handschachtungen sind mit „stumpfem Gerät“ durchzuführen, das heißt möglichst nur mit einer Schaufel.

Ein Mitarbeiter wird am Ortungsgerät eingewiesen.

- Lage und Verlauf der so ermittelten Leitungen sind deutlich zu kennzeichnen.
- Aushub mit der Maschine erst dann, wenn zuverlässig ausgeschlossen werden kann, dass im Baugrund Anlagen vorhanden sind, von denen Gefahren ausgehen können.

Merke: Fragen Sie Ihren Vorarbeiter, Polier oder den Chef nach den entsprechenden Unterlagen. Vergewissern Sie sich im Zweifelsfall selbst. Steht der Bagger mal eine Stunde still, weil entsprechende Informationen eingeholt werden müssen, ist das immer noch billiger als ein Kabel- bzw. Leitungsschaden.
Ein Profi weiß, wann er mit seinem Tieflöffel ins Erdreich darf.

Arbeiten in der Nähe von elektrischen Freileitungen

Bei Arbeiten im Bereich von elektrischen Freileitungen oder Fahrleitungen muss zwischen diesen und der Erdbaumaschine mit ihren Arbeitseinrichtungen (z. B. Ausleger, Schaufel) ein von der Nennspannung der Freileitung abhängiger Sicherheitsabstand eingehalten werden, um einen Stromübertritt zu vermeiden. Dies gilt auch für den Abstand zwischen den Leitungen, Anbaugeräten oder angeschlagenen Lasten.

Netzspannung (Volt)	Sicherheitsabstand (mind.)
bis 1 kV	1,0 m
über 1 kV bis 110 kV	3,0 m
über 110 kV bis 220 kV	4,0 m
über 220 kV bis 380 kV	5,0 m
bei unbekannter Netzspannung	5,0 m

Dabei müssen auch alle Arbeitsbewegungen von Erdbaumaschinen, z. B. die Auslegerstellung, das Pendeln von Seilen und die Abmessungen von angeschlagenen Lasten berücksichtigt werden.

Auch Bodenunebenheiten, durch die die Erdbaumaschine schräg gestellt wird und damit näher an Freileitungen kommt, sind zu beachten. Bei Wind können sowohl Freileitungen als auch Arbeitseinrichtungen ausschwingen und dadurch den Abstand verringern.

Kann ein ausreichender Abstand zu elektrischen Freileitungen und Fahrleitungen nicht eingehalten werden, hat der Unternehmer, in Absprache mit dem Eigentümer oder Betreiber der Leitungen, andere Sicherungsmaßnahmen gegen Stromübertritt durchzuführen. Das kann z. B. durch Abschalten des Stromes, Verlegen der Freileitung, Verkabelung oder die Begrenzung des Arbeitsbereiches der Erdbaumaschine erreicht werden.

Bei unvermutetem Antreffen oder Beschädigungen von Erdleitungen oder bei Stromübertritt (Erd- und Freileitungen) hat der Maschinenführer die Arbeiten sofort zu unterbrechen. Kann er die Arbeitseinrichtung aus dem Gefahrbereich schwenken, muss er die Maschine wegfahren und sofort den Aufsichtführenden verständigen! Wenn nicht, muss er in der Erdbaumaschine sitzen bleiben und Umstehende durch Zurufen warnen.

Merke: Bei Arbeiten im Bereich von Frei- oder Fahrleitungen vorgeschriebenen Mindestabstand einhalten.

Tipps für die Praxis

Ein- und Aussteigen

Die meisten Unfälle geschehen beim Ein- und Aussteigen.

Manche Maschinenführer steigen nicht über das Trittbrett ab, sondern springen aus den Maschinen. Der Bodenuntergrund ist meistens uneben und beim Aufprall knicken die Abspringenden mit einem Fuß um oder rutschen aus.

Benutzen Sie das Trittbrett, dann landen Sie sicher!

Die Folgen sind Bänderdehnung bzw. -riss bis hin zum Knöchelbruch. Der Maschinenführer sollte sich die kurze Zeit nehmen und die vorgesehenen Auf- und Abstiege benutzen.

Entsprechend ist es im Eigeninteresse sinnvoll, die Tritte sauber (bspw. öl- und eisfrei) zu halten.

> *Merke: Das Auf- und Abspringen ist verboten.*

Beim Ein- und Aussteigen sind nur die dafür vorgesehenen Auftritte und Flächen zu benutzen.

Mitfahren auf der Maschine

Immer wieder kommt es zu schweren oder gar tödlichen Unfällen, wenn der Maschinenführer das Mitfahren von Personen auf der Maschine duldet. Mitfahren ist nur zulässig, wenn der Maschinenhersteller hierfür (Sitz-)Plätze vorgesehen hat.

Das Bild rechts zeigt sträflich leichtsinniges Verhalten:
Der Maschinenführer und der Beifahrer berücksichtigen die Bodenunebenheit auf dem Gelände nicht. Rutscht der Mitarbeiter vom Trittbrett, überrollt ihn das Hinterrad! Selbst wenn der Fahrer sofort reagiert: Die Reaktionszeit reicht nicht, um bei diesem kurzen Abstand zum Hinterrad noch rechtzeitig zu bremsen. Der Radlader bleibt erst stehen, wenn es zu spät ist.

Die Gefahr wird absolut unterschätzt!

Erdbaumaschinen dürfen erst nach Zustimmung des Maschinenführers und nur bei Stillstand der Maschine bestiegen und verlassen werden.

> *Merke: Das Mitfahren ist grundsätzlich verboten.*

Zu spät! Der Maschinenführer ist für seine Maschine und den sicheren Betrieb verantwortlich.

Verfüllen von Arbeitsräumen

Hierzu gehören das Hinterfüllen von Bauwerken sowie das Verfüllen von Baugruben und Gräben. Die Einbauflächen sind verhältnismäßig klein. Der Einbau erfolgt lagenweise mit Baggern, Kompaktladern, Planierraupen und Radladern.

Falsch: Hier wird das Einbauen des Schüttguts falsch durchgeführt, denn der Sicherheitsabstand kann nicht eingehalten werden.

Richtig: Das Schüttgut wird an die Böschungskante gekippt und dann mit der Schaufel in die Einbaufläche geschoben. Der Sicherheitsabstand ist somit gewährleistet, und das Schüttgut wird dadurch lagenweise eingebaut und verdichtet.

Die Sicherheitsabstände zu Böschungen sind zu beachten.

Heben von Personen auf Arbeitsplattformen

Die Mitnahme und das Heben von Personen in Arbeitseinrichtungen ist verboten. Nur durch den Anbau von speziellen Arbeitsplattformen können Erdbaumaschinen für diesen Einsatz umgerüstet werden. Voraussetzung ist, dass das Trägergerät geeignet und ebenfalls entsprechend umgerüstet ist.

Sofern ein derartiger Einsatz geplant ist,

- muss geprüft werden, ob Trägergerät und Bühne vollständig aufeinander abgestimmt sind (z. B. EG-Baumusterprüfbescheinigung, EG-Konformitätsbescheinigung),
- sind vom Unternehmer alle zu beachtenden baulichen und betrieblichen Randbedingungen festzulegen – diese hat der Maschinenführer dann beim Betrieb zu beachten.

Merke: Bevor eine Arbeitsplattform an das Trägergerät angebaut wird, ist zu prüfen, ob die vorgesehene Gerätekombination zulässig ist (s. „Handlungsanleitung für Auswahl und Betrieb von Arbeitsplattformen an Hydraulikbaggern und Ladern“ – DGUV I 201-029).

Die Arbeiten sind bei solchen Arbeitsweisen sofort zu unterbrechen!

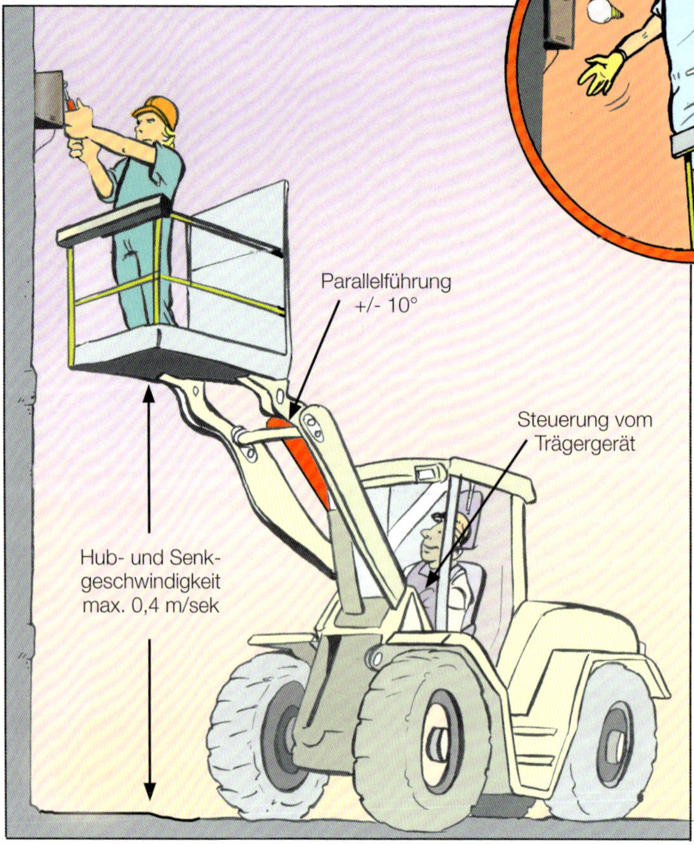

Radlader müssen für solche Arbeiten nachgerüstet werden.

Die Standsicherheit muss stets gewährleistet sein. Die Geräte dürfen nicht überlastet werden.

Einsatz mit Gabelzinken

Die Last ist bis zum Anschlag zu unterfahren und immer an den Gabelrücken anzulegen.

In Kurven wird die seitliche Kippgefahr durch die hinzukommenden Fliehkräfte noch verstärkt. Daher sollte die Geschwindigkeit schon vor der Kurve herabgesetzt werden. Beim Fahren ist es für den Fahrer besonders wichtig, die Umgebung und die Last zu beobachten. Es versteht sich von selbst, dass der Erdbaumaschinenführer für diesen speziellen Einsatzfall besonders unterwiesen werden muss.

Die Broschüre des Resch-Verlages „Der Gabelstaplerfahrer" enthält hierzu wichtige Hinweise.

Kurven immer besonders vorsichtig und langsam durchfahren.

Verständigung mit dem Maschinenführer

Hydraulikbagger

Beim Hebezeugbetrieb mit Seilbaggern gelten besondere Bestimmungen (s. Betriebsanleitung des Herstellers).

Will man sich mit dem Maschinenführer verständigen, dann muss von der linken Seite und außerhalb vom Schwenkbereich zum Maschinenführer gegangen werden.

Baggerfahrer und Einweiser müssen Blickkontakt haben. Der Einweiser muss aus dem Gefahrbereich. Sieht der Baggerfahrer seine Arbeitseinrichtung aufgrund eines Hindernisses nicht, ist er immer auf einen Einweiser angewiesen.

Der schwankende Greifer ist auf den Boden zu setzen und wieder langsam anzuheben. Der Baggerfahrer kann auf Handzeichen des Einweisers den Greifer allein in die richtige Stellung steuern.

> *Merke: Der Baggerfahrer kann die linke Seite besser als die rechte beobachten, denn letztere ist zugebaut. Deshalb immer von der linken Seite an den Maschinenführer herantreten. Den Schwenkbereich des Baggers aber erst betreten, wenn der Baggerfahrer seine Arbeitseinrichtung angehalten und der Person ein Zeichen gegeben hat.*

Bergfahrt mit dem Hydraulikbagger: Der Antrieb muss hinten liegen, Ausleger möglichst weit nach vorn strecken, damit die Kippneigung herabgesetzt und der Schwerpunkt weit nach vorn zum Leitrad verlagert wird. Den Tieflöffel so weit öffnen, dass er sich beim Abrutschen der Maschine verhaken kann.

Talfahrt mit dem Hydraulikbagger: Antriebsräder liegen hinten, zur Erhöhung der Standsicherheit wird der Ausleger nach vorn gestreckt und der Löffel so weit angekippt, dass er fast auf der Fahrbahn schleift und die Maschine abstützt.

Wenden mit Raupenbaggern in schwerem Gelände

Wendevorgänge im Gegenlauf der Laufwerke in Intervallen ausführen, d. h. die Maschine um ca. 10° bis 15° wenden, ein Stück geradeaus fahren und dieses so lange wiederholen, bis der Wendevorgang abgeschlossen ist.

Skid-Steer-Lader

Die Geräte sind so gebaut, dass der Einstieg von vorne über die Ladeschaufel zum Fahrersitz erfolgt.

Zum Ein- und Ausstieg ist die Schaufel immer abzustellen. Die Schaufel darf sich nicht in höchster Stellung befinden, denn durch die beengten Platzverhältnisse kann es zu einer unbeabsichtigten Betätigung der Hebel oder Pedale kommen (die Kleidung kann hängen bleiben) und die Schaufel fällt herab.

> *Merke: Die Blechschürze ist für den Einstieg zum Fahrerplatz und gleichzeitig als Schutz gegen die Quetschgefahren der vor dem Einstieg sich bewegenden Hubeinrichtung vorgesehen.*

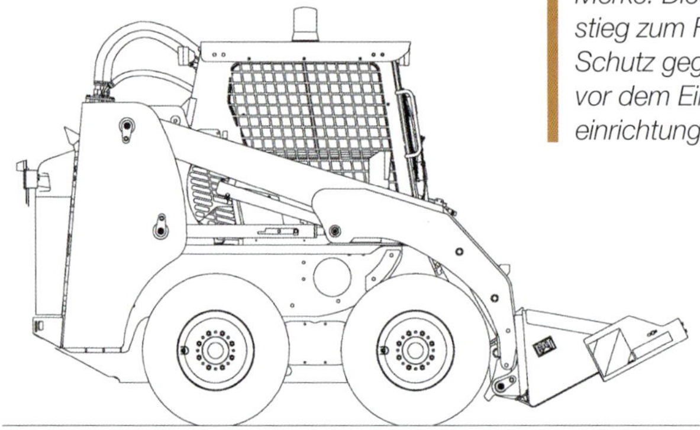

Für größere Personen ist das Ein- und Aussteigen schwierig.

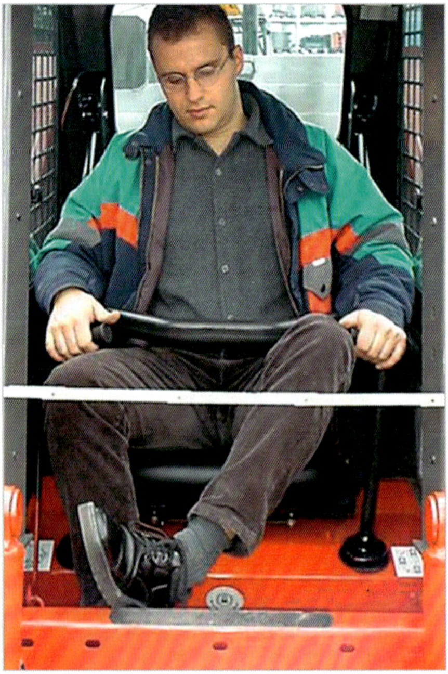

Der Fahrer darf die Füße nicht auf der Blechschürze abstützen. Die Füße müssen sich immer hinter dieser Schürze befinden.

Bei maschinellem Aushub im Hochschnitt dürfen die Wände die Reichhöhe (höchste Arbeitshöhe) des Skid-Steer-Laders höchstens um 1 m überschreiten.

Bei größeren Wandhöhen müsste man mit der Schaufel die Wand untergraben, um Haufwerk durch Hineinbrechen zu gewinnen. Mensch und Maschine wären hochgradig gefährdet, da sie überschüttet werden könnten. Deshalb: Die Reichhöhe des Laders beachten, bevor er eingesetzt wird.

Zulässige Wandhöhe

Planierraupe

Planiergeräte dürfen in geneigtem Gelände nur betrieben werden, wenn die Hangneigung kleiner als die vorhandene Steigfähigkeit der Maschine ist.

Planierraupe beim Verteilen des Materials

Denken Sie an die Standsicherheit Ihrer Maschine.

Raupenlader

Diese Laderaupe ist mit einem Überrollschutz (ROPS) ausgerüstet. Der Sicherheitsgurt muss bei allen Arbeiten mit dem Raupenlader – wie selbstverständlich auch bei allen anderen mit Gurt ausgerüsteten Erdbaumaschinen – angelegt werden. Das Nichtanlegen bezahlt der Fahrer unter Umständen mit seinem Leben.

Kippt die Laderaupe, könnte Folgendes ablaufen:

- Der Fahrer wird aus der Kabine geschleudert und von der umkippenden Raupe erdrückt.
- Der Fahrer springt durch die geöffnete Tür und wird von der umkippenden Raupe erdrückt.
- Der Fahrer wird im Fahrerhaus verletzt, denn er kann sich aus eigener Kraft nicht abstützen.

Merke: „Ich hab's geschnallt, dass der Gurt mich schützen kann!"

Der Baggerlader ist vorbildlich abgestützt.

Baggerlader

Die Bedienung des Heckbaggers erfolgt ebenso wie die Lenkung von einem zweiten bzw. gedrehten Sitz aus.

> *Merke: Bevor die Steuerhebel für den Heckbagger betätigt werden, ist zu überprüfen, ob der Drehsitz richtig arretiert und die Transportsicherung entfernt wurde. Wenn der Drehsitz verrutscht, kann der Steuerhebel für das Fahrwerk unbeabsichtigt berührt werden.*

Muldenfahrzeuge

Der Hersteller bestimmt die Steigfähigkeit der Geräte. Einige Hersteller schreiben bei einer bestimmten Hangneigung vor, dass die Geräte nicht mehr vom Fahrerstand aus zu steuern sind, sondern im „Mitgänger-Betrieb", also z. B. über zusätzlich an der Maschine seitlich angebrachte Stellteile oder über eine Fernsteuerung. Es darf nie hinter dem Gerät gelaufen werden.

Fährt man an Böschungen über die Böschungskante, und die Fahrt wird auf der anderen Seite der Böschung hangabwärts fortgesetzt, ist bergauf vorwärts und bergab rückwärts zu fahren.

Nur wenn man sich nicht mit dem Muldenfahrzeug auf der Dammkrone drehen kann, muss langsam im Schritttempo über die Böschungskante vorwärts gefahren werden. Das Raupenfahrwerk so vorsichtig wie möglich aufsetzen. Je steiler

Fahrt über die Böschungskante

Böschungskante niemals schräg überqueren, denn das Gerät kann umkippen.

die Böschung ist, umso mehr muss man die Ladung nach den Angaben der Hersteller reduzieren. Der Fahrer hat je nach Größe des Materials seine Ladung ggf. durch Zurrgurte zu sichern oder die Ladefläche abzuteilen, damit die Last während der Fahrt nicht verrutschen kann.

> *Merke: Auch bei kurzen Fahrstrecken ist der Fahrersitz zu benutzen, es sei denn, der Hersteller schreibt eine andere Bedienung vor.*

Arbeitspausen und Arbeitsschluss

- Gerät/Maschine auf möglichst ebenem, tragfähigem und standsicherem Erdboden abstellen,
- Ausleger und Arbeitsausrüstung auf den Boden absenken,
- Feststellbremse aktivieren,
- alle Bedienungselemente in Nullstellung bringen,
- Motor ausstellen,
- Zündschlüssel ziehen und
- die Erdbaumaschine verschließen.

Verladen von Maschinen

Mit Verladeschienen ist ein schnelles und rationelles Be- und Entladen von Maschinen auf der Baustelle gewährleistet.

Vor dem Be- und Entladen von Raupenfahrzeugen ist Folgendes zu beachten:

- Räder des Transportfahrzeugs sichern,
- bei Kippfahrzeugen zusätzlich Pritsche sichern,
- zulässige Steigung nicht überschreiten (s. Betriebsanleitung)
- Tragkraftbestimmung,
- Überfahrlänge (Verladeschienenlänge) nach Herstellerangaben einsetzen.

Je niedriger die Ladefläche ist, umso besser ist sie mit Raupenfahrzeugen befahrbar. Bei Baggern, auch bei Kompaktbaggern, kann man den Löffel zum Abstützen benutzen, damit die Raupenfahrwerke und das Schild nicht auf die Verladeschienen schlagen.

Beim Be- und Entladen von Raupenfahrzeugen müssen sich die Arbeitsgeräte, z. B. Abstütz-/Planierschild, an der Pritschenrückwand befinden.

Beim Entladen ist das Raupenfahrwerk über die Verladeschienen zu fahren und mit Hilfe der Arbeitseinrichtung die Raupen auf die Verladeschienen abzusetzen. Damit wird

Niedrige Ladefläche

ein Aufschlagen der Raupen und des Planierschildes auf die Schienen verhindert.

Die Verladeschienen müssen zusätzlich z.B. mit Ketten gesichert werden. Beim Überfahren auf die Ladefläche können die Raupen durch das Aufkippen durchdrehen. Dadurch werden die Auflagezungen angehoben. Durch das Abheben der Auflagezungen können sich die Verladeschienen aushängen und wegrutschen. Der Bagger fällt auf den Fahrweg, da sich noch das überwiegende Gewicht auf den Schienen befindet.

Im Betrieb sollte man das Überfahren der Verladeschienen mit Raupenfahrzeugen üben.

Der Schwerpunkt der Maschine wird meistens unterschätzt und beim Kippen auf die Ladefläche (beim Verladen) oder auf die Schienen können Bedienungsfehler gemacht werden.

Beim Hinauffahren (s. nachfolgende Abb.) kippte der Kompaktbagger nach vorn, der Fahrer erschrak und zog beide Steuerhebel nach hinten. Das Gerät kippte zurück, dadurch fiel der Fahrer nach vorn und betätigte unbeabsichtigt den Steuerhebel für das linke Raupenfahrwerk. Der Bagger setzte sich in Bewegung und fiel von den Verladeschienen auf den Fahrweg. Der Fahrer verlor dabei die Zehen seines rechten Fußes.

Durch einen Bedienungsfehler fiel der Kompaktbagger von den Verladeschienen.

Schienen ohne Schutzrand

Aus Sicherheitsgründen sollte immer ein Rand an den Schienen sein. Sollte nur ein einseitiger bzw. kein Schutzrand an der Schiene vorhanden sein, darf nur darüber gefahren werden, wenn ein direkter Sichtkontakt zwischen Fahrer und Rädern/Ketten besteht.

Ohne Sichtkontakt zwischen Fahrer und Rädern/Ketten ist ein Einweiser einzusetzen, der das Überfahren beobachtet.

Die Schienen besitzen einen Schutzrand. Der Fahrer darf ohne Einweiser herunterfahren.

Die Räder passen sich bei der Fahrbewegung an die Oberfläche der Verladeschienen an.

Ladungssicherung

Zur Ladungssicherung verwendet man Zurrgurte oder Zurrketten.

Die VDI 2700 befasst sich mit den allgemeinen Anforderungen und Grundsätzen der Ladungssicherung auf Straßenfahrzeugen.

Die VDI 2700 Blatt 2 „Ladungssicherung auf Straßenfahrzeugen – Berechnung von Sicherungskräften-Grundlagen“ beschreibt die Zurrkräfte-Berechnung der Zurrmittel.

Merke: Die Angaben in der Betriebsanleitung sind zu beachten.

Nach dem Verladen muss die Maschine (hier: Hydraulikbagger) gesichert werden. Hierzu sind geeignete Zurrmittel zu verwenden.

Motorabgase

Beim Betrieb von Verbrennungsmotoren entstehen gesundheitsgefährdende Abgase. Bei den in Erdbaumaschinen fast ausschließlich verwendeten Dieselmaschinen ist dies vor allem der sogenannte „Dieselruß", der als krebserregend eingestuft ist. Ist die Maschine mit einem Dieselpartikelfilter (DPF) ausgerüstet, so hält er diese Partikel fast vollständig zurück – sofern er bestimmungsgemäß eingesetzt und regelmäßig gewartet wird (Betriebs- und Wartungsanleitung beachten).

Bei Arbeiten in ganz oder teilweise geschlossenen Bereichen und im Tunnelbau dürfen dieselmotorbetriebene Fahrzeuge und Maschinen nur eingesetzt werden, wenn sie mit DPF ausgerüstet sind. Durch Nachrüstung der Motoren mit DPF oder die Verwendung von „Aufsteckfiltern", die vor dem Einfahren in solche Bereiche montiert werden, können vorhandene Maschinen fast immer für solche Einsätze tauglich gemacht werden.

Aber auch wenn Ihre Maschine (noch) nicht mit einem DPF ausgerüstet ist, können Sie als Maschinenführer viel dazu beitragen, dass die Luft an Ihrem Arbeitsplatz und die Umwelt nicht unnötig belastet werden. Hierzu einige Tipps:

- Lesen Sie die Hinweise in der Betriebsanleitung Ihrer Maschine zum Thema „Umweltschutz", und befolgen Sie diese.
- Sorgen Sie für regelmäßige Wartung des Motors.
- Unterlassen Sie unnötig starkes Beschleunigen des Motors beim Anfahren.
- Vermeiden Sie unnötiges Laufenlassen des Motors (Leerlaufbetrieb, z. B. bei Unterbrechungen im Ladebetrieb).

Zusammenfassung – Grundhaltung

Die technische Entwicklung insbesondere bei Baumaschinen hat rasante Fortschritte mit sich gebracht. Insbesondere die Elektronik und Hydraulik haben zu wesentlichen Erweiterungen beigetragen. Multifunktionalität, Leistungssteigerungen, Informationen sind nur einige Aspekte dieser Situation.

Trotz dieser Technisierung steht immer noch der Mensch im Mittelpunkt dieser Konstellation:

- Er muss sichere Maschinen konstruieren und in Verkehr bringen.
- Er muss die richtige Maschine für die jeweilige Arbeitsanforderung auswählen.
- Er muss das erforderliche Bedienpersonal mit der Wahrnehmung der anstehenden Aufgaben betrauen.
- Er muss für den dauerhaft sicheren Zustand der Maschinen sorgen.
- Er muss die Maschine richtig, effizient und sicher bedienen.

Nur wenn alle beteiligten Personen ihre Aufgaben und Verantwortungen wahrnehmen, ist der sichere Einsatz von Maschinen gewährleistet. Jeder Einzelne muss seinen Betrag dazu leisten.

Der Maschinenführer ist hier ganz besonders gefordert. Am Einsatzort wird er ständig vor veränderte Aufgaben und Einsatzbedingungen gestellt. Er muss eigenverantwortlich beurteilen und entscheiden, ob die Arbeit sicher durchführbar ist oder weiterer Maßnahmen bedarf. Die Ausbildung zum Erdbaumaschinenführer befähigt ihn, die gestellten Aufgaben zu meistern.

Doch nicht derjenige Erdbaumaschinenführer ist ein „Könner“, der seine Maschine bis über die Grenzen ihres Leistungsvermögens beansprucht. Wer seine Maschine ausschließlich nach seinem Gefühl steuert und auslastet und ihre Leistungsgrenzen nur aufgrund gemachter Erfahrungen akzeptiert, zeigt, dass er mögliche Unfälle und ihre Folgen in Kauf nimmt. Der echte „Könner“ ist vielmehr derjenige, der um die Möglichkeiten und Grenzen seiner Maschine weiß, sie akzeptiert und nicht überschreitet. Er wird sie in Wahrnehmung seiner Verantwortung innerhalb des gesetzten Rahmens von Technik und Vorschriften optimal betreiben. Auch muss er immer wieder bereit sein, sich weiterzubilden und sein Wissen auf den sich wandelnden Stand von Technik und Vorschriften anzuheben. Ein Verharren im einmal Erlernten reicht für ein Berufsleben nicht aus.

Wissen + **Können** + **Verantwortungsbewusstsein** + **Zuverlässigkeit**

... sind die Eigenschaften,
die Sie als Erdbaumaschinenführer befähigen,
Ihre Arbeiten wirtschaftlich und schadensfrei auszuführen.

Seien Sie sich Ihrer Verantwortung bewusst.

Für Ihre verantwortungsvolle Arbeit allzeit viel Erfolg!

Europäische Richtlinien

2006/42/EG	Richtlinie über Maschinen (Maschinenrichtlinie)
2009/104/EG	Richtlinie über Mindestvorschriften für Sicherheit und Gesundheitsschutz bei Benutzung von Arbeitsmitteln durch Arbeitnehmer bei der Arbeit (Arbeitsmittelrichtlinie)

Gesetze und Verordnungen

ArbMedVV	Verordnung zur arbeitsmedizinischen Vorsorge
ArbSchG	Arbeitsschutzgesetz
BetrSichV	Betriebssicherheitsverordnung
BGB	Bürgerliches Gesetzbuch
FeV	Fahrerlaubnisverordnung
FZV	Fahrzeug-Zulassungsverordnung
OWiG	Ordnungswidrigkeitengesetz
ProdSG	Produktsicherheitsgesetz
9. ProdSV	Maschinenverordnung
SGB VII	Sozialgesetzbuch VII
StGB	Strafgesetzbuch
StVO	Straßenverkehrsordnung
StVZO	Straßenverkehrszulassungsordnung

DGUV-Vorschriften

DGUV V 1	Grundsätze der Prävention
DGUV V 2	Betriebsärzte und Fachkräfte für Arbeitssicherheit
DGUV V 3	Elektrische Anlagen und Betriebsmittel
DGUV V 6	Arbeitsmedizinische Vorsorge
DGUV V 38	Bauarbeiten
DGUV V 52	Krane
DGUV V 70	Fahrzeuge

DGUV-Regeln

DGUV R 114-004	Deponien
DGUV R 101-004	Kontaminierte Bereiche
DGUV R 109-009	Fahrzeug-Instandhaltung
DGUV R 101-005	Hochziehbare Personenaufnahmemittel
DGUV R 101-007	Sicherheitsregeln für Bauarbeiten unter Tage
DGUV R 112-189 (bis R 112-200)	Benutzung von PSA
DGUV R 100-500	Betreiben von Arbeitsmitteln, Kap. 2.12 „Betreiben von Erdbaumaschinen" Kap. 2.8 „Betreiben von Lastaufnahmeeinrichtungen im Hebezeugbetrieb"

DGUV-Informationen

DGUV I 211-005	Unterweisung – Bestandteil des betrieblichen Arbeitsschutzes
DGUV I 201-004	Fahrerkabinen mit Anlagen zur Atemluftversorgung auf Erdbaumaschinen und Spezialmaschinen des Tiefbaus
DGUV I 214-003	Ladungssicherung auf Fahrzeugen – Ein Handbuch für Unternehmer, Einsatzplaner, Fahr- und Ladepersonal
DGUV I 201-013	Abbrucharbeiten
DGUV I 201-029	Handlungsanleitung für Auswahl und Betrieb von Arbeitsplattformen an Hydraulikbaggern und Ladern

DGUV-Grundsätze

DGUV G 350-001	DGUV Grundsätze für arbeitsmedizinische Vorsorgeuntersuchungen hier: G 25 „Fahr-, Steuer- und Überwachungstätigkeiten“

Normen

DIN 33409	Sicherheitsgerechte Arbeitsorganisation; Handzeichen zum Einweisen
DIN EN 474-1	Erdbaumaschinen – Sicherheit – Teil 1: Allgemeine Anforderungen
DIN EN 474-2	Erdbaumaschinen – Sicherheit – Teil 2: Anforderungen für Planiermaschinen
DIN EN 474-3	Erdbaumaschinen – Sicherheit – Teil 3: Anforderungen für Lader
DIN EN 474-4	Erdbaumaschinen – Sicherheit – Teil 4: Anforderungen für Baggerlader
DIN EN 474-5	Erdbaumaschinen – Sicherheit – Teil 5: Anforderungen für Hydraulikbagger
DIN EN 474-6	Erdbaumaschinen – Sicherheit – Teil 6: Anforderungen für Muldenfahrzeuge
DIN EN 474-7	Erdbaumaschinen – Sicherheit – Teil 7: Anforderungen für Scraper
DIN EN 474-8	Erdbaumaschinen – Sicherheit – Teil 8: Anforderungen für Grader
DIN EN 474-9	Erdbaumaschinen – Sicherheit – Teil 9: Anforderungen für Rohrverleger
DIN EN 474-10	Erdbaumaschinen – Sicherheit – Teil 10: Anforderungen für Grabenfräsen
DIN EN 474-11	Erdbaumaschinen – Sicherheit – Teil 11: Anforderungen für Erd- und Müllverdichter
DIN EN 474-12	Erdbaumaschinen – Sicherheit – Teil 12: Anforderungen für Seilbagger
DIN EN ISO 2860	Erdbaumaschinen – Öffnungen – Mindestmaße
DIN EN ISO 2867	Erdbaumaschinen – Zugänge
DIN EN ISO 3449	Erdbaumaschinen – Schutzaufbauten gegen herabfallende Gegenstände – Prüfungen und Anforderungen
DIN EN ISO 3471	Erdbaumaschinen - Überrollschutzaufbauten – Laborprüfungen und Leistungsanforderungen
DIN EN ISO 6683	Erdbaumaschinen – Sitzgurte und Sitzgurtverankerungen – Anforderungen und Prüfverfahren
DIN EN ISO 6165	Erdbaumaschinen – Grundtypen – Identifizierung und Begriffe
DIN EN ISO 6747	Erdbaumaschinen – Planiermaschinen – Terminologie und technische Dokumentation
DIN EN ISO 20471	Hochsichtbare Warnkleidung – Prüfverfahren und Anforderungen
ISO 5006	Erdbaumaschinen – Sichtfeld – Testverfahren und Anforderungskriterien
ISO 7131	Erdbaumaschinen – Lader – Terminologie und technische Dokumentation
ISO 7132	Erdbaumaschinen – Muldenfahrzeuge – Terminologie und technische Dokumentation
ISO 7133	Erdbaumaschinen – Scraper – Terminologie und technische Dokumentation
ISO 7134	Erdbaumaschinen – Grader, Terminologie und technische Dokumentation
ISO 7135	Erdbaumaschinen – Hydraulikbagger - Terminologie und technische Dokumentation
ISO 7136	Erdbaumaschinen – Rohrleger – Terminologie und technische Dokumentation
ISO 7451	Nenninhalt von Tieflöffeln und Zweischalen-Greifern an Hydraulikbaggern und Baggerladern
ISO 7546	Erdbaumaschinen; Lader und Schaufelladerbagger; Nenninhalt der Ladeschaufeln
ISO 8811	Erdbaumaschinen – Walzen und Verdichter - Terminologie und technische Dokumentation
ISO 10262	Erdbaumaschinen – Hydraulikbagger – Schutzeinrichtungen für den Maschinenführer – Prüfungen und Anforderungen
ISO 10567	Erdbaumaschinen – Hydraulikbagger – Tragfähigkeit
ISO 12509	Erdbaumaschinen – Beleuchtungseinrichtung, Lichtsignal- und Markierungsleuchten, Reflektoren

ISO 13539	Erdbaumaschinen – Grabenfräsen – Terminologie und technische Dokumentation
ISO 14397-1	Erdbaumaschinen – Lader und Baggerlader – Teil 1: Berechnung der zulässigen Traglast und Prüfverfahren zum Nachweis der berechneten Kipplast
ISO 14397-2	Erdbaumaschinen – Lader und Baggerlader – Teil 2: Prüfverfahren zur Bestimmung der Ausbrechkräfte und Hubleistung bei höchster Hubhöhe
ISO 15219	Erdbaumaschinen – Seilbagger – Terminologie und technische Dokumentation

Technische Regeln

TRGS 554	Abgase von Dieselmotoren
TRGS 900	Arbeitsplatzgrenzwerte
TRBS 2111	Teil 1 Mechanische Gefährdungen – Maßnahmen zum Schutz vor Gefährdungen beim Verwenden von mobilen Arbeitsmitteln

Bildnachweis:

Der Verlag dankt folgenden Firmen/Personen recht herzlich für das Zurverfügungstellen von Fotos/Abbildungen (in alphabetischer Reihenfolge):
dudek/fotolia.de: Seite 21 (Verbandskasten)
ewg3D/iStockphoto LB: Seite 4
Morlok, Andreas/pixelio.de: Seite 21 (Warndreieck)
playstuff/fotolia.de: Seite 21 (Warnweste)
robertlamphoto/shutterstock.de: Seite 21 (Warnleuchte)

Die Autoren danken folgenden Firmen/Personen recht herzlich für das Zurverfügungstellen von Fotos/Abbildungen (in alphabetischer Reihenfolge):
Bergmann Maschinenbau GmbH & Co KG: Seite 27 oben links, Seite 58 oben
Bomag GmbH: Seite 28 unten
Liebherr-Hydraulikbagger GmbH: Seite 24 oben und unten, Seite 26 oben rechts, Seite 32 oben
Mecalac Baumaschinen GmbH (früher Ahlmann Baumaschinen GmbH): Seite 25 oben, Seite 30 unten
Vermeer Deutschland GmbH: Seite 28 Mitte
Zeppelin Baumaschinen GmbH (Caterpillar): Seite 25 unten, Seite 26 oben links, Seite 27 oben rechts, Seite 28 oben, Seite 30 oben, Seite 55, Seite 56

Alle weiteren Fotos/Abbildungen von den Verfassern.